杂粮作物
高产高效栽培技术

◎ 刘建　主编

中国农业科学技术出版社

图书在版编目（CIP）数据

杂粮作物高产高效栽培技术／刘建主编．—北京：中国农业科学技术出版社，2015.7

ISBN 978 - 7 - 5116 - 2169 - 6

Ⅰ.①杂… Ⅱ.①刘… Ⅲ.①杂粮－栽培技术 Ⅳ.①S51

中国版本图书馆 CIP 数据核字（2015）第 154151 号

责任编辑　贺可香
责任校对　马广洋

出 版 者　中国农业科学技术出版社
　　　　　北京市中关村南大街 12 号　邮编：100081
电　　话　（010）82106638（编辑室）　（010）82106624（发行部）
　　　　　（010）82109703（读者服务部）
传　　真　（010）82106650
网　　址　http://www.castp.cn
经 销 者　各地新华书店
印 刷 者　北京富泰印刷有限责任公司
开　　本　850mm×1 168mm　1/32
印　　张　6.125
字　　数　160 千字
版　　次　2015 年 7 月第 1 版　2017 年 10 月第 2 次印刷
定　　价　20.00 元

作者简介

刘　建　男，1965年生，江苏如皋人。1984年毕业于江苏省南通农业学校，后获南京农业大学硕士学位，江苏沿江地区农业科学研究所（南通市农业科学研究院）研究员。长期从事耕作栽培、高效农业等领域的研究及农业技术推广与科技服务工作，主持承担了60多项科技项目，发表论文90多篇，主编（编著）出版著作12部，获省部级多项科技成果奖。现为国家科学技术奖励评审专家、江苏耐盐植物产业技术创新战略联盟副理事长、江苏省农学会理事、江苏省作物学会理事。获"江苏省有突出贡献的中青年专家"、"江苏省优秀科技工作者"、"江苏省兴农富民工程优秀科技专家"等称号。

魏亚凤　女，1970 年生，江苏如东人。1991 年毕业于江苏农学院（扬州大学）。江苏沿江地区农业科学研究所耕作栽培研究室副主任、副研究员，现主要从事耕作栽培研究及农业科技推广与技术服务工作。获"南通市青年科技奖"、"南通市'226 高层次人才培养工程'中青年科学技术带头人"等称号。

杨美英　女，1966 年生，江苏张家港人。1987 年毕业于江苏省南通农业学校，后获本科学历。江苏沿江地区农业科学研究所副研究员，主要从事耕作栽培研究及农业科技推广与技术服务工作。获"南通市优秀科技工作者"称号。

赵卫东　女，1969 年生，江苏如皋人。2004 年毕业于扬州大学。南通科技职业学院继续教育学院副院长、高级农经师，主要从事农业技术推广培训工作。获"江苏省农委农民培训先进个人"称号。

前　言

　　杂粮营养丰富，在食物结构中具有重要地位。长江下游沿江、沿海地区，有悠久的农业发展历史。该区域属北亚热带湿润气候区，四季分明，气候温和，光照充足，无霜期长，具有充沛的雨水资源，适宜多种作物的良好种植，杂粮作物类型丰富，且复种指数高、农产品商品率高，是我国典型的集约农作区。随着人民生活水平的提高和膳食结构的改善，杂粮产品的市场需求将越来越大，杂粮作物的开发利用前景广阔。与此同时，杂粮作物具有生育期短、适应范围广等特点，通过不同类型搭配，可构建多元多熟高产高效模式，有利于加速现代集约农作制的发展。可以预见，杂粮作物在推进区域现代农业发展中，具有独特地位和重要作用。

　　为了帮助农村中具有一定文化基础和技术知识的科技示范户，比较系统地了解杂粮作物的相关知识和生产技术，笔者根据多年来的研究成果和生产实践，参考有关资料，组织编写了本书。期望本书能在提升农民的科技文化素质，提高种田水平，增强其致富能力，加速农业向"高产、优质、高效、生态、安全"等目标协调发展等方面发挥积极作用。

　　本书突出长江下游沿江、沿海地区的区域特点，选取了大麦、蚕豆、荞麦、豌豆、绿豆、小豆、甘薯、马铃薯8种作物，分别按栽培特性、类型和品种、优质高产栽培、主要病虫害防治、集约种植生产实例和收获等方面编写，力求做到系统和规范。必须注意的是，集约种植生产实例具有较强的区域特征，由于温光资源、土壤类型、经济条件、技术水平及市场等因素的影响，表现出茬口配置、品种选用、培管措施、产品产出等方面有不同程度的差异，因而在具体的模式应用时必须做到因地制宜。此外，作物品种更新较快，生产上应注意及时选用新的优良品种，以更好地发挥良种的增产增效作用。

虽然我们在编写过程中付出了很多心血，但由于水平和各种条件的限制，书中肯定有某些疏漏与不妥之处，敬请读者指正。同时，本书在编写过程中，参考了大量的文献资料，在此对所有的原作者表示诚挚的谢意。

刘 建

2015 年 5 月

目　　录

一、大麦高产高效栽培

大麦系禾本科大麦属植物。中国栽培大麦起源于青藏高原的野生二棱大麦,我国最早栽培的是六棱裸大麦,然后是六棱皮大麦,以二棱大麦栽培最晚。大麦具有广泛的用途。子粒可制成珍珠水、大麦饭或掺和面粉制成面包食用;大麦子粒是酿造啤酒的主要原料;大麦可制成大麦茶、大麦咖啡、饴糖、麦酱、麦乳精、酵母、乳酸钙等。研究发现,大麦富含 β - 葡聚糖、生育三烯酚等,可降低人体血糖和血液中胆固醇、低密度脂蛋白,并使之容易排除,因而对人类心血管疾病和糖尿病有显著食疗保健效果。现代营养学家认为,大麦是一种美味的低钠、低脂的健康食物,它既可以提供能量,又能帮助减肥。利用大麦苗加工生产的麦绿素、麦绿汁等营养保健品,正逐步开始流行。大麦具有很高的饲用价值,大麦籽粒的粗蛋白和可消化纤维均高于玉米,是牛、猪等家畜、家禽的优质饲料。

(一) 大麦的栽培特性

1. 大麦的形态特征

(1) 根 大麦为须根系,由初生根和次生根组成。初生根又称种子根,由胚根发育而成,至第 1 片真叶长出后停止发生。初生根一般 5 ~ 7 条,多的达 8 ~ 9 条,下扎集中,趋向垂直分布,入土深。越冬前种子根生长迅速,可达 100 厘米左右,拔节阶段可深达 120 厘米,抽穗时停止生长。幼苗吸收养分和水分完全依靠种子根。大麦的次生根从分蘖节上产生,又称节根,比种子根粗。次生根发生于分蘖开始时，一般每个分蘖节上长出 1 ~ 2 条次生根。高位分蘖节发生的次生根比低位分蘖节多，多向水平方向伸展。越冬时次生根长度可达 30 ~ 60 厘米，冬后生长加快，拔节前后生长速度最大。大麦根系有 60% 左右分布在 0 ~ 20 厘米土层内。

（2）茎　大麦茎的高度因品种而异，一般为 50 ~ 160 厘米。茎或秆呈圆筒形，由具横隔的实心节和中空的节间组成，较软，前期为绿色，成熟后期变黄。主茎有 4 ~ 6 个伸长节间，各节间长度以基部节间最短，越向上节间越长（直径也越小），以穗下节间最长，接近全茎长度的 1/3 ~ 1/2。穗下节间长，穗型大。茎壁厚度自下而上由厚变薄，基部一、二节间短而粗的，其茎壁较厚，机械组织发达，抗倒能力较强。大麦茎秆表皮硅质细胞发育较差，细胞壁上沉积的硅酸盐较少。茎壁较薄，节间空腔大，机械组织厚壁细胞壁加厚不够，因而茎秆的强度和韧性不如小麦。培育粗壮的茎秆，能增加抗倒力，有利于形成大穗和增加粒重。

（3）叶　大麦的叶依形态与功能分为完全叶、不完全叶和变态叶三种。完全叶由叶片、叶鞘、叶舌、叶耳和叶枕组成，除进行光合和蒸腾作用外，还有支持和保护茎秆的作用。不完全叶只有叶鞘没有叶片，呈筒形，顶端有裂隙，一般不含叶绿素，不能进行光合作用，如胚芽鞘和分蘖鞘。变态叶包括颖壳（护颖、内外颖）、芒和盾片（内子叶）以及幼穗分化时出现的苞原基等。叶片是进行光合作用的最主要器官，一般较宽，承风面和蒸腾速率比小麦大，叶片含水量普遍比小麦高。南方冬麦区主茎叶片数为 10 ~ 14 片，根据着生部位可分为近根叶和茎生叶两类，茎生叶一般 4 ~ 6 片，其余均为近根叶。叶片大小一般自下而上增大，以倒 2 叶或倒 3 叶最大。叶片自定长至枯黄为叶片功能期，大麦叶片的功能期随叶位增高而逐渐缩短。

（4）花　大麦花序为筒状花序，穗轴坚韧，着生小穗之处由 12～14 个直而扁平的小节片相连而成。每个节上有 3 个小穗，排列一行，即三联小穗。每个小穗仅一朵花。六棱大麦所有小穗都是可育的，二棱大麦在每个三联小穗里只有中央小穗是可育的。两侧小花缺少性器官，但通常具有内外稃。三联小穗交替排列于穗轴上，无顶生小穗。花有内颖、外颖、3 个雄蕊和 1 个雌蕊。雄蕊由花丝和花药组成，花药两室。雌蕊花柱短，柱头为羽状两分叉。在雌蕊的子房基部有两个小浆片，开花时由于浆片吸水膨胀促使内外颖张开而呈现开花。

（5）果实　大麦籽实在植物学上称颖果。在生产上，大麦的果实即为种子（籽粒）。种子由胚、胚乳和皮层三部分组成。胚没有外胚叶，胚中已分化出的叶原基有 4 片。大麦籽粒形状为纺锤形，与小麦籽粒较相似，但比小麦扁平，两端尖锐，中间宽，但籽粒顶端无冠毛。籽粒大小与不同类型品种小穗的排列位置和结实性的不同有关，六棱小麦三联小穗均能结实，发育大小均匀，籽粒细小而形状匀整。四棱大麦三联小穗均能结籽，中间小穗粒大，并紧贴穗轴，与两侧小穗在同一颗上，籽粒大小不匀整。二棱大麦中间小穗发育，粒重更明显。大麦的籽实颜色有白色、黄色、蓝色、棕色及黑色等。

2. 大麦的生育周期

大麦一生可分为幼苗期、分蘖期、拔节孕穗期和抽穗结实期几个时期。

（1）幼苗期　从播种到芽鞘露出地面为出苗期，直到三叶时为幼苗期。大麦种子在 3～4℃ 时即可发芽，大麦最适宜的发芽温度是 20℃ 左右，高于 30～35℃ 发芽不正常。大麦麦粒吸水达种子风干重的 45%～50% 时就能顺利发芽。当土壤水分为田间持水量的 70%～80% 时，发芽最快；低于 50% 时发芽困难。裸大麦吸水比皮大麦快，因而对土壤水分要求要低些。大麦出芽时胚根首先突破胚根鞘，成为第 1 条幼根，接着在胚轴两旁长出侧根，形成 5 ~ 9 条种子根。种子播种后 15 ~ 20 天出苗，大麦多在 1 叶期胚乳养分耗尽，不再供应地上部养分。幼苗期是夺取全苗的时期，是大麦丰产的基础。麦粒发芽需要足够的氧气，长期阴雨、排水不良、土壤黏重板结或播种过深的情况下，容易因缺氧而不能发芽，容易出现烂种现象。

（2）分蘖期　大麦进入三叶期后开始分蘖，当第一个分蘖露出地面长达 1 ~ 1.5 厘米时即为分蘖，当麦田有 50% 麦苗出现分蘖时叫分蘖期，植株直到拔节时才停止分蘖。麦秆形成新茎的能力叫做分蘖力，分蘖力强弱与品种及环境条件有关。一般冬性品种和偏冬性品种的分蘖力强，偏春性和春性品种分蘖力弱；二棱大麦比多棱大麦分蘖力强；矮秆品种比高秆品种分蘖力强。浅播条件下分蘖位低，分蘖也早，同时芽鞘还会长出分蘖，即芽鞘分蘖。养分充足，单株营养面积大，有利于分蘖。温度在 13 ~ 18℃时最适宜分蘖，低于 2 ~ 4℃或高于 18℃不利于分蘖。土壤持水量 60% ~ 80% 时最适宜分蘖，过多或不足都不利分蘖。一般具有 3 ~ 4 片叶和 2 ~ 3 条根的大分蘖。成穗率高，叶少、根少的小分蘖多不能成穗。

（3）拔节孕穗期　春季当温度上升至 10℃以上时，节间开始伸长，此时幼穗处于内外颖分化期。大麦拔节后，茎或秆上可明显区分出节来。各节间的伸长有一定的顺序性和重叠性，即当第 1 节间伸长时，第 2 节间开始缓慢伸长，到第 1 节间伸长接近停止时，第 2 节迅速伸长，第 3 节间开始缓慢伸长。其他各节间的伸长，也依次方式进行。拔节后早生大分蘖中快生长，迟生小分蘖因光照和养料不足而逐渐死亡，至抽穗期茎蘖数基本稳定。随着茎秆的伸长，穗也伸长。幼穗发育过程中，偏低的温度、较短的日照、充足的氮肥和适当的水分能延长幼穗分化期，增加每穗小花数。在大麦幼穗发育的四分体形成期，对环境条件反应敏感，遇到低温、日照不足、干旱及磷肥不足，会造成花粉败育、小穗退化和结实率降低，使每穗粒数减少。

（4）抽穗结实期　自抽穗至籽粒成熟为大麦抽穗结实期，冬大麦从抽穗到成熟的时间为 30～45 天，二棱大麦比多棱大麦长，皮大麦比裸大麦长。麦穗顶端第一个小穗露出剑叶的叶鞘时为抽穗，田间 50% 以上植株抽穗为抽穗期，80% 以上植株抽穗时为齐穗期。长江流域一般在 3 月中旬至 4 月中旬抽穗，始穗到齐穗需 3～7 天。一般抽穗后 1～2 天开始授粉，如抽穗时遇低温阴雨则延迟至抽穗后 3～4 天开始授粉。一个麦穗上以中部小穗先开花授粉，然后是上下部小穗，顶部小穗最迟。有些退化二棱大麦从穗的基部开始开花。多棱大麦同一穗节上 3 个小穗，中间小穗较侧小穗先开花，全穗开花经历 2～4 天，全株开花则需 7～9 天。大麦授粉后 15～30 分钟，花粉粒萌发成花粉管，伸入花柱，从授粉到受精需 4～5 小时。大麦开花受精的适宜温度为 18～20℃，最低温度为 9～11℃。在 2～3℃ 的低温条件下，花药受害，产生不孕花。干热风和土壤干旱，就会严重影响结实，产生空壳。受精后子房即迅速膨大，经 10～15 天长度最大，子粒外形初步形成，此后大量积累养分，进入灌浆成熟期。麦粒灌浆成熟过程分为乳熟、蜡熟和完熟 3 个时期。灌浆成熟期长短因品种、地区和年份而有较大差异。适宜麦粒灌浆的温度为 20～22℃，超过 26℃ 时籽粒灌浆加快，失水也快，容易引起青枯早熟，胚乳细胞减少，粒重减轻。低于 12℃ 时，光合作用强度减弱，并影响籽粒灌浆，从而降低产量。

3. 大麦的温光反应特性

大麦通过感温阶段的温度比小麦稍高，历时稍短。通常冬性品种通过感温阶段所需温度为 0～8℃，时间为 20～45 天；春性品种通过感温阶段所需温度为 10～25℃，时间为 5～15 天；半冬性品种通过感温阶段所需温度介于上述两者之间。在春播条件下，春性品种能正常抽穗结实，半冬性品种不能正常抽穗结实，冬性品种不能抽穗（中停止在分蘖状态）。我国大麦品种冬春性程度总的趋势是冬大麦以华南品种春性最强，自南向北推移，冬性程度逐渐增强，以北部冬大麦区的品种冬性最强。春大麦区的品种多属春性。

大麦属长日照作物，通过光照阶段要求较高的温度和较长的日照条件。日照延长，光照阶段加快。在 24 小时连续光照条件下，5～10 天即可通过光照阶段。不同原产地的裸大麦品种对光周期反应的敏感程度不同，产于高纬度地区品种对日照长度反应敏感，而产于低纬度地区的品种对日照反应迟钝。

（二）大麦的类型和品种

1. 大麦的品种类型

大麦是有稃大麦和裸大麦的总称。有稃大麦称为皮大麦，其特征是稃壳和籽粒粘连；裸大麦的稃壳和籽粒分离，称裸麦，青藏高原称青稞，长江流域称元麦，华北称米麦等。

栽培大麦属禾本科大麦属的普遍大麦种。在普通大麦种内，根据穗轴的脆性、侧小穗育性等特性划分成野生二棱大麦、野生六棱大麦、多棱大麦、中间型大麦、二棱大麦等五个亚种。其中：多棱大麦亚种，成熟时穗轴不折断，每一穗轴节上着生的 3 个小穗均能正常结实，按照侧小穗排列角度又分为六棱大麦和四棱大麦，六棱大麦每节片上的 3 个小穗等距离着生（穗的横断面呈六角形），四棱大麦每节片上的中间小穗贴近穗轴、上下两节的侧小穗彼此靠近（穗的横断面呈四角形）。六棱裸大麦子粒蛋白质含量高，适宜食用，也用作饲料。四棱裸大麦供食用，四棱皮大麦多作饲料；二棱大麦亚种，每一穗轴节片上仅中间小穗结实，侧小穗发育不完全，均不结实，穗形扁平，子粒大而整齐，颖壳薄，发芽整齐，淀粉含量高，蛋白质含量适中，适宜酿造啤酒。

大麦根据用途,可分为啤酒大麦、饲用大麦、食用大麦(含食品加工)等类型。

2. 大麦的主要良种

(1)扬农啤10号 扬州大学农学院育成,江苏省2010年鉴定,属春性二棱皮大麦品种,适宜江苏省大麦产区种植。2010—2012年度参加江苏省大麦鉴定试验,两年平均亩(1亩≈667平方米。全书同)产428.9千克,比对照扬农啤5号增产3.7%。2012—2013年度参加生产试验,平均亩产469.7千克,较对照增产11.2%。幼苗半直立,叶色绿,叶片较大。幼苗分蘖力较强,成穗率中等。抗寒性一般。株型较紧凑,耐肥抗倒性较好。穗层整齐度较好,穗型较大,熟相较好。两年鉴定试验平均:生育期204天,成熟期与对照相当。株高80.6厘米,每亩有效穗53.5万,每穗粒数23.8粒,千粒重40.8克。经扬州大学农学院大田自然毒土鉴定,高抗大麦黄花叶病。

(2)苏农啤7号 江苏沿海地区农业科学研究所育成,江苏省2014年鉴定,属春性二棱皮大麦,适宜江苏省大麦产区种植。2010—2012年参加江苏省大麦鉴定试验,两年平均亩产423.0千克,比对照扬农啤5号增产2.3%。2012—2013年度参加生产试验,平均亩产448.3千克,较对照增产6.1%。幼苗半直立,叶色绿,幼苗分蘖力较强,成穗率中等,抗寒性较好。株型较紧凑,耐肥抗倒性较好,穗层整齐度较好,穗型中等,熟相好。两年鉴定试验平均:生育期204天,抽穗期较对照迟3天,成熟期与对照相当。株高79.6厘米,每亩有效穗49.9万,每穗粒数24.5粒,千粒重40.2克。经扬州大学农学院大田自然毒土鉴定,抗大麦黄花叶病。

(3)扬农啤9号 扬州大学农学院育成,江苏省2013年鉴定,属春性二棱皮大麦品种,适宜江苏省大麦产区种植。2010—

2012 年度参加江苏省大麦鉴定试验，两年平均亩产 458.0 千克，比对照扬农啤 5 号增产 10.7%，两年增产均达极显著水平。2011—2012 年度参加生产试验，平均亩产 429.3 千克，比对照增产 7.3%。幼苗半直立，叶色绿，叶片较长。分蘖性强，成穗率较高。抗寒性一般。株型紧凑，耐肥抗倒性较好。穗层整齐度较好，穗型较大，熟相较好。两年鉴定试验平均：全生育期 203 天，与对照相当。株高 76.0 厘米，每亩有效穗 54.2 万，每穗粒数 25.0 粒，千粒重 37.8 克。经扬州大学农学院大田自然毒土鉴定，高抗大麦黄花叶病。

（4）申海麦 2 号　光明种业有限公司育成，上海海丰大丰种业有限公司申请鉴定，江苏省 2013 年鉴定，属春性二棱皮大麦，适宜江苏省大麦产区种植。2010—2012 年度参加江苏省大麦鉴定试验，两年平均亩产 444.7 千克，比对照扬农啤 5 号增产 7.5%，两年增产均达极显著水平。2011—2012 年度参加生产试验，平均亩产 422.2 千克，比对照增产 5.5%。幼苗较直立，叶色较绿，幼苗分蘖力较强，苗期生长旺盛，抗寒性较好。株型紧凑，耐肥抗倒性好，穗层整齐度较好，穗小粒大，熟相一般。两年鉴定试验平均：全生育期 205 天，较对照晚一天。株高 69.2 厘米，每亩有效穗 57.4 万，每穗粒数 19.1 粒，千粒重 44.4 克。经扬州大学农学院大田自然毒土鉴定，高抗大麦黄花叶病。

（5）扬农啤 8 号　扬州大学农学院育成，，江苏省 2011 年鉴定，属春性中熟二棱皮大麦品种，适宜江苏省大麦产区种植。2007—2009 年度参加江苏省鉴定试验，两年平均亩产 435.9 千克，比对照单二大麦增产 16.7%，两年增产均达极显著水平。2009—2010 年度生产试验平均亩产 446.2 千克，较对照增产 17.8%。幼苗半匍匐，苗期叶色深绿，叶片较长，幼苗分蘖力中等偏上，抗寒性与对照相当。株型紧凑，耐肥抗倒性较好。成穗率较高，穗层整齐度较好，穗型中等，熟相较好。两年鉴定试验平均：株高 89 厘米，亩有效穗数 53 万，每穗实粒数 22.7 粒，千粒重 44.3 克。生育期 199 天，成熟期与对照相当。经扬州大学农学院大田自然毒土鉴定，高抗大麦黄花叶病。

（6）苏啤 6 号　江苏沿海地区农科所育成，江苏省 2011 年鉴定，属弱春性中熟二棱皮大麦，适宜江苏省大麦产区种植。2007—2009 年度参加江苏省鉴定试验，两年平均亩产 436.1 千克，比对照单二大麦增产 16.8%，两年增产均达极显著水平。2009—2010 年度生产试验平均亩产 445.2 千克，较对照增产 17.5%。幼苗半直立，叶色较绿，叶片较长，幼苗分蘖力中等偏上，抗寒性与对照相当。株型较紧凑，耐肥抗倒性较好，穗层整齐度较好，大穗大粒，后期熟相好。两年鉴定试验平均：株高 86 厘米，亩有效穗数 53 万，每穗实粒数 24.2 粒，千粒重 41.8 克，生育期 198 天，成熟期与对照相当。经扬州大学农学院大田自然毒土鉴定，高抗大麦黄花叶病。

（7）扬啤 4 号　江苏里下河地区农科所育成，江苏省 2011 年鉴定，属春性中熟二棱皮大麦品种，适宜江苏省大麦产区种植。2007—2009 年度参加江苏省鉴定试验，两年平均亩产 426.5 千克，比对照单二大麦增产 14.2%，两年增产均达极显著水平。2009—2010 年度生产试验平均亩产 429.2 千克，较对照增产 13.3%。幼苗半直立，叶色深绿，生长旺盛，幼苗分蘖力较强，抗寒性较好。株型较紧凑，耐肥抗倒性较好。穗层整齐度较好，熟相较好。两年鉴定试验平均：株高 84.4 厘米，亩有效穗数 53 万，每穗实粒数 24.8 粒，千粒重 38.8 克，生育期 198 天，成熟期与对照相当。经扬州大学农学院大田自然毒土鉴定，高抗大麦黄花叶病。

（8）扬农啤 7 号　扬州大学农学院育成，江苏省 2010 年鉴定，属弱春性早熟二棱皮大麦品种，适宜江苏省各大麦区种植。2006—2008 年度参加江苏省大麦鉴定试验，两年平均亩产 422.9

千克，比对照单二大麦增产 12.9%，两年增产均达极显著水平。2008—2009 年度参加生产试验，平均亩产 433.3 千克，较对照单二大麦增产 11.9%。幼苗半直立，叶色深绿，分蘖力较强，苗期长势较强，抗寒性较好。株型较紧凑，耐肥抗倒性较好。成穗率较高，穗层整齐熟相好。两年鉴定试验平均：株高 81.1 厘米，每亩有效穗数 54.7 万，每穗粒数 24.0 粒，千粒重 38.5 克，生育期 199 天，成熟期与对照相当。经扬州大学农学院大田自然毒土鉴定，高抗大麦黄花叶病。

（9）东江 2 号　如东县农业技术推广中心与南通中江种业有限公司育成，江苏省 2010 年鉴定，属春性中熟二棱皮大麦品种，适宜江苏省各大麦区种植。2006—2008 年度参加江苏省大麦鉴定试验，两年平均亩产 411.2 千克，比对照单二大麦增产 9.7%，两年增产均达极显著水平。2008—2009 年度参加生产试验，平均亩产 413.6 千克，较对照单二大麦增产 6.8%。幼苗半直立，叶色深绿，叶片较长，分蘖力中等，抗寒性较好。株型较紧凑，耐肥抗倒性一般。成穗率较高，熟相较好。两年鉴定试验平均：株高 88.8 厘米，亩有效穗数 49.6 万，每穗粒数 25.9 粒，千粒重 38.8 克，生育期 199 天，成熟期与对照相当。经扬州大学农学院大田自然毒土鉴定，中抗大麦黄花叶病。

（10）通麦 9 号　江苏沿江地区农科所育成，江苏省 2010 年鉴定，属春性中熟二棱皮大麦品种，适宜江苏省各大麦区种植。2006—2008 年度参加江苏省大麦鉴定试验，两年平均亩产 399.5 千克，比对照单二大麦增产 6.6%，两年增产均达极显著水平。2008—2009 年度参加生产试验，平均亩产 408.5 千克，较对照单二大麦增产 5.5%。幼苗半直立，叶色深绿，叶片长，苗期生长旺盛，分蘖力较强，抗寒性与对照相仿。株型较紧凑，耐肥抗倒性一般，后期熟相一般。两年鉴定试验平均：株高 86.3 厘米，亩有效穗数 51.7 万，每穗粒数 24.4 粒，千粒重

38.2 克，生育期 199 天，成熟期与对照相当。经扬州大学农学院大田自然毒土鉴定，高抗大麦黄花叶病。

（11）苏裸麦 1 号　二棱裸大麦，江苏沿江地区农科所育成，2004 年江苏省审定定名。2001—2003 年参加江苏省大麦区域试验，2001—2002 年度平均亩产 305.25 千克，比对照品种"单二"大麦减产 8.59%；2002—2003 年度平均亩产 290.02 千克，比对照品种"单二"大麦减产 9.99%；两年平均单产 298.94 千克，比对照品种"单二"大麦减产 9.25% 居第九位。2003—2004 年度参加江苏省大麦生产试验，平均亩产 312.1 千克，比对照"单二"大麦减产 5.52%，居第三位。由于该品种为裸大麦，大麦皮壳占大麦籽粒的 10% ~ 12%，因此理论上讲其丰产性好于对照。幼苗半直立，叶片细小，叶色深绿，分蘖力强，株型紧凑，茎秆中粗，弹性好，株高 88 厘米左右，耐肥抗倒性较好，成穗率较高，每亩有效穗 53 万左右，略低于对照单二大麦，穗二棱，长芒，籽粒黄褐色，无稃壳，每穗实粒数 25 粒左右，比对照品种略多，千粒重 28 克左右，比对照低 3 克，全生育期 200 天，与对照相当，高抗大麦黄花叶病，抗寒性与对照相仿，熟相好，适合作优质杂粮开发利用。

（12）通麦 8 号　二棱裸大麦，春性品种类型。江苏沿江地区农科所育成。1996 年通过南通市审定定名。1991—1992 年度在南通市裸大麦品种比较试验中，两年品种比较试验平均，每亩产量 341.43 千克，比对照增产 4.85%，居参试品种的首位。1994—1995 年度参加南通市裸大麦生产试验，三个点平均，每亩产量 314.83%，比对照"通麦 6 号"增产 8.89%。幼苗半匍匐，苗期叶色淡绿，生长健壮，旗叶耳白色。株高 85 厘米左右，株型紧凑，叶片中等大小。穗全抽出，穗呈长方形，穗长 5.7 厘米左右，小穗着生密。长芒，有锯齿，黄色。外颖脉黄色，窄护颖。每穗结实 26 粒左右，千粒重 32 ~ 37 克。籽粒黄褐色，纺锤形，饱满度和均匀度中等，半硬质。春性。在江苏沿江地区 10 月下旬播种，翌年 4 月上旬抽穗，5 月 20 日前成熟。全生育期约 190 天。属早中熟类型品种。该品种分蘖力中等，耐肥抗倒。高抗大麦黄花叶病，无网斑病，感黑穗病。

（13）通麦 6 号　二棱裸大麦，半冬性类型。江苏沿江地区农科所育成。1988 年审定定名。江苏省南通市裸大麦品种比较试验中，1983—1984 年度平均亩产 311.84 千克，比"立新 1 号"裸大麦增产 5.72%，比"浙 114"裸大麦增产 5.99%，增产均达极显著水平。江苏省裸大麦区域试验中，1984—1986 年度两年平均亩产 304.42 千克，比"浙 114"裸大麦增产 4.31%，达增产显著水平。在江苏省生产试验中，1986—1987 年度平均亩产 304.38 千克，比对照品种"如东 2 号"裸大麦增产 10.36%。幼苗半匍匐伏，叶片较宽、上举，叶色绿，叶鞘呈紫红色。根系发达，生命力强，耐旱、耐寒性均较好。分蘖力强，成数穗多，一般每亩穗数有 40 多万个，植株高度中等，株高 85 厘米左右。株型紧凑、挺拔，茎秆粗壮，弹性较好，耐肥抗倒。穗直立，着粒较密，每穗 25 粒左右，籽粒大，千粒重 34～36 克，粒色黄，皮薄色白，品质好。据全国食品工业产品质量检测中心测定，"通麦 6 号"锌含量比"浙 114"高出 3 倍多。抗黄花叶病，抗赤霉病，轻感白粉病，长相清秀，后期熟相好，抽穗期略迟，但灌浆速度快。在适期播种情况下，成熟期与"浙 114"裸大麦相仿。

（三）大麦优质高产栽培

1. 整地

大麦具有根系较弱、根量少、分布浅、对土壤适应性较为广泛，比较耐旱、耐霜冻和耐盐碱，对前茬作物要求不严。要实现大麦优质高产，要求有良好的土壤环境。适墒耕地保证耕深 20

厘米以上，深浅一致，接垄准确，无喇叭口现象。耙地确保耙深15～18 厘米、土壤有松软的表层和适宜的紧密度。旋耕确保旋深 12～14 厘米、地表平坦松碎。上无坷垃、下无暗垡。

2. 种子处理

播种前的种子处理主要有选种、晒种、浸种和药剂拌种等。

（1）选种　一般田小苗弱株占 30% 左右，高产田也有 10%～20% 的弱株。小苗由小籽、丛籽、露籽、深籽、浅籽等形成。生产上应通过精选良种、提高整地播种质量等措施克服小苗，从而控制小穗。精选种子、播种大粒种，是一项有效简便的增产措施，据多年试验对比，采用大粒种子播种的增产效果可达 10%～15%。因而播种前，应精选种子，去除秕粒、病粒、草粒和虫粒，选出大而饱满的种子。

（2）晒种　晒种可改善种皮的透气性和透水性，促进种子成熟，提高酶的活力，增强种子生活力和发芽力。

（3）浸种　浸种是能够促进发芽、出苗。采用微量元麦浸种，有利于促进植株生长；采用植物调节剂浸种，能实现对植株的定向调控，有利于增产、增效。

（4）药剂拌种　药剂拌种是防治黑穗病、条纹病等病害以及蝼蛄、蛴螬等地下害虫的主要方法。药剂拌种宜在晒种、选种后进行。

3. 播种

（1）适期播种　适期播种是达到苗齐、苗壮，实现优质高产的基础。一般冬性品种在气温达 14～16℃、春性品种达到12～14℃时播种适宜，要求播种后到越冬前有 40～50 天，幼苗能形成 2～3 个分蘖及良好的根系，个体健壮，有利于安全越冬。在江苏，淮南地区适宜播种期为 10 月底至 11 月 10 日；淮北地区适宜播种期为 10 月 25 日至 11 月初。

（2）合理密植　合理密植就是围绕高产优质的生产要求，

通过播量的调节来协调个体与群体的关系，促进单位面积穗数与穗粒数、粒重的相互协调。高产大麦单位面积适宜穗数的上限，因地区的气候条件、品种而不同。南方地区春季雨水多，日照少，一般种植二棱、中秆品种，每亩穗数 45 万~50 万个，播种量一般为 8~10 千克。大粒、分蘖力弱的品种要适当增加播种量，迟播大麦的播种量也要增加，反之则适当降低播种量。作为酿造啤酒用的大麦，其播种量要比食用或饲用的多，这是由于密度适当偏大时，子粒较均匀，淀粉含量高，蛋白质含量低，更符合酿造啤酒的品质要求。在江苏，适期播种的大麦纯作田每亩基本苗 15 万~17 万亩（分蘖力强、成穗率较高的宜低，反之则高），适期早播或肥力水平较高的田块，播种量可降低 10%~20%，播种迟或肥力较差的可视具体情况适当增加基本苗。

（3）播种方法 大麦播种方法有点播、条播、撒播等。播种深度一般宜浅，3 厘米左右，皮大麦膨胀吸水较多，应比裸大麦播种稍深。大麦晚播时常采用浸种催芽播种方法，即将麦种浸种 6~10 小时沥干水后，进行药剂处理装袋催芽至露白再播种。

4. 沟系配套

雨水多易形成渍害的地区，要高标准地开好麦田一套沟，竖沟、腰沟、田头沟逐级加深，沟沟相通，主沟通河。高产麦田：竖沟 20 厘米深，横沟深 25 厘米，沟底平直、沟边光滑，确保达到"一个条田、两头吊空、三沟配套、四面出水、雨止田干"。生育期间要注意清沟排水，预防雨水过多导致湿害而产生烂根现象。

5. 肥料施用

大麦的耗肥量一般比小麦低，在相同产量水平下施肥量比小麦少，其生育期比小麦短，且生育前期对营养物质的吸收比较迅速，因而应将肥料重点放在前期施用。生产上，本着"重施基肥、早施分蘖肥、巧施拔节穗肥"原则合理施肥。高产大麦，通常每亩施氮（N）14～16千克、磷（P_2O_5）8～10千克、钾（K_2O）6～8千克。除磷钾肥全作基肥外，氮肥中60%作基肥（注意增加有机肥施用比例），25%～30%作分蘖肥，10%～15%作拔节孕穗肥，5%左右作平衡肥。为争取低位分蘖成穗，分穗肥宜及早施用，适播麦于4叶期施用，晚播麦于2～3叶施用。拔节孕穗肥一定要根据苗情、叶色而定。抽穗后，可叶面喷施磷、钾肥，以促进麦粒饱满。

6. 防控倒伏

大麦根系弱，茎壁薄，秆子脆、弹性差。在同等密度肥水条件下，比小麦更容易倒伏。一旦发生倒伏，其粒重将显著降低，且倒伏发生越早其减产越严重。

防控大麦倒伏，除选用抗倒性能力强的品种外，还应通过扩行条播，加强壮苗、壮株的培育外，应控制好返青肥的施用。生产上，在肥力条件较好的高产田块，积极采取化控措施矮化植株、增加茎秆强度，可有效降低倒伏风险。有资料显示：在麦苗3叶期每亩使用15%多效唑60～80克喷雾，能促进麦苗健壮生长；在大麦剑叶叶枕平时，每亩喷施玉米健壮素50～70毫升，可降低株高10～15厘米；群体较大时，在返青期至拔节期，每亩喷施玉米健壮素50～60毫升，可显著缩短、增粗基部节间。

（四）大麦主要病虫害防治

1. 主要病害的防治

为害大麦的主要病害有黄花叶病、大麦条纹病、大麦网斑病、大麦黑穗病和赤霉病等。

（1）大麦黄花叶病 大麦染病后，植株矮化、株型松散、分蘖减少、根系发育不良、褐根增多。麦苗3叶期后，首先在未展开的心叶上出现症状，其后各叶也受感染，病斑褪绿与叶脉平行，呈短线状。随着叶片的生长，褪绿条斑逐渐增加，联合形成不规则的褪绿花叶，叶片呈渍黄，叶片卷曲甚至枯黄。拔节期病株明显矮缩，严重的可使叶片僵硬，出现褐色坏死短条斑。轻病株抽穗后，上部叶片病症隐退，重病株有的不能抽穗，有的虽能抽穗，但穗小、空秕粒多，剑叶及叶鞘甚至颖壳上仍具有褐绿花叶症状。条件适宜时，一般在播种后 1~2 个月即可表现了明显的症状。病田麦苗整片或部分变黄，严重的甚至枯死。

防治措施：①种植抗（耐）病品种。②重病区实行轮茬轮作，提倡水旱轮作，通过调节播期（迟播可以避病）以减轻病害。③严格控制病土的扩散。病田土深翻或重病田压无病土可以起到控制病害的目的。④加强田间管理。及时开挖沟畦，排水降渍，病田增施肥料能延缓病情的发展，促进病株恢复生理机能。

（2）大麦条纹病　主要为害叶片和叶鞘。病害在幼苗期就能显现，初生浅黄色斑点或短小的条纹，至拔节抽穗期病害最重，典型的症状是从叶片基部到叶尖形成细长的条斑，和叶脉平行，或连续或断续，病斑颜色由黄色变为褐色，再后枯死。病斑周围也会褪绿变黄，使病田呈黄褐色，病株提前枯死或矮小，不能抽穗或弯曲畸形，不能结实或不饱满。严重影响产量和品质。湿度大时，病叶上长出黑色霉层，可以散布出大量的分生孢子，如果正值植株开花，就会侵染花器，使种子带菌。开花期间风、雨、露、雾多时，有利于分生孢子的传播、萌发和侵入，增加了种子的带菌率，使次年发病重。

防治措施：①选用无病种子。②进行种子处理。可用石灰水溶液浸种，或戊唑醇（立克秀）拌种剂、三唑醇等药剂拌种。③加强田间管理。通过适期早播、精细整地、适当浅播等措施，促进麦苗早发，能减轻病害。

（3）大麦网斑病　主要侵害叶片和叶鞘，较少侵染茎。幼苗发病，病斑多在距叶尖 1~2 厘米处。成株发病多从基叶开始，叶尖变黄，上生病健界限不明的褐斑，内有纵横交织的网状细线，病斑较多时，连成条纹状斑，上生少量孢子。颖片受害产生无网纹的褐斑。低温、高湿、日照少，有利发病，特别是在孕穗至成熟期雨水多时，病害发展快，为害较严重。

防治措施：①选用抗病品种。②进行种子处理。浸种药剂可参见大麦条纹病。③加强田间管理。及时翻埋病残体，铲除自生麦苗，重病田避免连作，及时开沟降湿，平衡施用氮肥与磷肥，避免过量施用氮肥。④药剂防治。发病初期，用50%多菌灵可湿性粉剂800倍液或70%代森锰锌可湿性粉剂500倍液等喷施。

（4）大麦黑穗病 大麦上发生的有散黑穗病和坚黑穗病，病株常较健株略矮。坚黑穗病发病病穗上的小花、小穗均被破坏，变成一团黑粉状物，外被一层银白色至灰白色薄膜，有的残存芒，膜较坚硬，风吹不坏，孢子间具油脂类物质相互黏结着。散黑穗病刚发病的病穗外面包一层灰色的薄膜，但薄膜很快会破裂，黑粉随风吹散，只剩下光秃的穗轴。黑穗病系幼苗侵染型病害，每年只在苗期侵染一次，主要靠种子带菌传播。

防治措施：主要是通过药剂浸种或拌种等种子处理进行病害的防控。种子处理方法主要有：25%多菌灵可湿性粉剂0.5千克加水125千克，浸麦种70千克，浸种48小时后捞出即可播种；或是用25%多菌灵可湿性粉剂0.5千克加水5千克搅匀，用喷雾器均匀喷洒在125千克麦种上，堆闷6小时后晾干即可播种。

（5）大麦赤霉病 病穗从籽粒灌浆至乳熟期出现明显症状。初期病小穗颖片基部出现褐色水浸状病斑，后逐渐扩展到整个小穗，病小穗褪绿发黄。空气潮湿时，颖片合缝处和小穗部产生粉红色霉层。霉状无被雨露分散后，病部显露黑褐色病斑。个别或少数小穗、小花发病后，迅速向其他小穗、小花扩展。穗茎、穗轴或小穗轴变的褐腐烂，可使病变部位以上的小穗全部枯黄。受害的小穗不结实或病粒皱缩干瘪。后期遇高湿多雨天气时，病小穗基部和颖片上聚生蓝黑色的小颗粒。枯死病，严重发病时，几乎全田麦穗变色枯腐。病穗所结出的籽粒皱缩，表面呈变污白色或紫红色。

防治措施：大麦齐穗至扬花期，每亩用50%多·酮可湿性粉剂100克，对水30千克细喷雾，遇连阴雨或大雾天气应用好二遍药，以确保防效。

（6）大麦纹枯病 主要发生在叶鞘及茎秆上，发病初期在地表或近地表的叶鞘上产生黄褐色椭圆形或梭形病斑，以后逐渐扩大，并向内发展延及茎部，茎上病斑也同叶鞘相似。一般在春季低温多雨，氮肥施用过多，植株嫩弱或植株过密，田间湿度大的情况下，有利于病害发生与流行。

防治措施：①进行种子处理。可用种子重量0.2%的33%纹霉净（三唑酮加多菌灵）可湿性粉剂、或0.03%的15%三唑酮（粉锈宁）可湿性粉剂拌种。需要注意是，经药剂处理的种子播种时土壤相对含水量较低，容易发生药害。②加强田间管理。避免早播，适当降低播种量，及时清除田间杂草，雨后及时排水，防止偏施氮肥。③药剂防治。大麦拔节期，每亩用5%井冈霉素水剂7.5克对水100千克，或用15%三唑醇粉剂8克对水60千克，或用20%三唑酮乳油8～10克对水60千克等喷施。

2. 主要虫害的防治

为害大麦的主要虫害有蚜虫、黏虫等。

（1）蚜虫 麦蚜主要以成蚜、若蚜吸食叶片、茎秆、嫩头和嫩穗的汁液，同时注毒素于植株体内。有的麦蚜是大麦黄矮病毒的传毒媒介。苗期受害后，叶片发黄枯萎，严重时往往引起死苗。拔节孕穗期受害，粒重越大，大麦产量损失越大。同时，麦蚜引起的大麦黄矮病也会对大麦的产量和品质造成影响。

防治措施：选用抗（耐）蚜品种。②及时清除田边杂草。

③药剂防治。每亩用 3% 啶虫脒 10 ~ 15 克、或 10% 吡虫啉 10 ~ 15 克，对水 50 千克均匀喷施。

（2）黏虫　幼虫食叶，大发生时可将作物叶片全部食光，麦穗也被咬断，造成严重损失。

防治措施：药剂防治。黏虫 1、2 龄啃食叶肉，3 龄前食量少，抗药性弱，为最佳防治时期。在卵孵化盛期至幼虫 3 龄期，每亩可用 2.5% 氯氟氰菊酯乳油 12 ~ 20 毫升或用 45% 马拉硫磷乳油 80 ~ 100 毫升，对水 40 ~ 50 千克均匀喷施。

（五）大麦集约种植生产实例

1. 大麦 + 榨菜/棉花

江苏沿江地区等地应用该模式，每亩可产大麦 200 ~ 240 千克、榨菜 500 ~ 1 000 千克、棉花（皮棉）75 千克。

（1）茬口配置　畦宽 3.4 米，墒沟 25 厘米，南北向，畦面上靠墒沟各去 10 厘米空白地，然后分成由南向北的长条状，分别为 53 厘米、80 厘米、53 厘米、80 厘米、53 厘米的宽窄行。在 53 厘米的窄行中间套栽 1 行榨菜，株距 12 厘米，每亩 5 000 株。80 厘米的宽行中间种植 70 厘米宽幅的大麦。榨菜于翌年 4 月上旬采收，5 月上旬按宽、窄行移栽棉花，棉花每亩密度 3 200 ~ 3 500 株。5 月 20 日前后收获大麦，棉花转入正常生长。

（2）品种选用　①大麦。选用春性类型高产品种。②榨菜。选用"桐农 1 号"等品种。③棉花。选择优质高产品种。

（3）培管要点　①大麦。适期早播，按高产措施管理。②榨菜。9 月 25 ~ 30 育苗，苗龄 35 ~ 40 天开始移栽。适期播栽、培育壮苗。每亩施用 500 ~ 700 千克人畜粪、复合肥 30 千克作基肥，按规格移栽，移栽活棵后每亩施用尿素 5 千克，越冬前壅根防冻，立春至雨水期间每亩施尿素 7.5 千克，惊蛰至春分期间每亩施用尿素 10 千克。春后注意防治白粉病、蚜虫等病虫害。③

棉花。按高产要求进行肥水管理。合理整枝，初花期及打顶后化控以控制株型。开展综合防治，控制病虫草害。

2. 大麦/玉米/芋艿

江苏沿江地区应用该模式，每亩可产大麦 250～300 千克、玉米 350 千克、芋艿 2 250 千克。

（1）茬口配置　2.4 米为一组合，墒沟宽 25 厘米，畦面中间大麦播幅 1 米（条播 4～5 行），在墒沟两侧各留 70 厘米宽的空幅。翌年 3 月中旬玉米营养钵育苗双膜覆盖，于 4 月中旬在空幅中间移栽双行，小行距 25 厘米，株距 25 厘米，每亩密度 4 000 株。4 月下旬在麦行中套 1 排籽芋，株距 22 厘米，每亩 1 200 株。

（2）品种选用　①大麦。选用春性类型高产品种。②玉米。选用早中熟高产的春玉米品种。③芋艿。选用籽芋多而整齐、粉质而有香味的香粳芋。

（3）培管要点　①大麦。适期早播，按高产措施管理。②玉米。移栽前每亩用腐熟人畜粪 750～1 250 千克、高浓度复合肥 25～30 千克、碳铵 15～20 千克、锌肥 1 千克作基肥。5～6 片叶时追施苗肥，拔节孕穗肥掌握在植株 8 张展开叶、拔节后 5～7 天施用，每亩开塘施用腐熟人畜粪 1 250 千克、碳铵 60 千克，施肥后覆土。注意防治地下害虫、玉米螟和蚜虫。③芋艿。芋苗期生长缓慢，露地直播条件下，播后 25～30 天出苗，大麦收割时，芋苗刚出 2～3 片小叶，要及时松土、除草，每亩用 1 000 千克人粪尿加水兑成稀薄粪水追施。7 月下旬春玉米收获后，立即松土，每亩用人畜粪 2 000 千克、杂灰肥 1 000 千克沟施，并将行间泥土壅根成垄，垄高 9～12 厘米，以降低土温，提高肥效，防止籽芋萌蘖，有利于茎的膨大。玉米收获后，正值伏旱季节，育苗叶面蒸腾作用加强，同时地下球茎开始膨大，对肥水需求量大，如土壤干旱，需每隔 5～7 天沟灌一次，做到土润而不板结。

立秋后昼夜温差加大，可减少灌水次数，防止涝渍。霜降前后，当球茎充分老熟、叶面枯黄倒垂时，即为收获适期。

3. 大麦/（毛豆＋扁豆）/玉米—大蒜

江苏苏中地区等地应用该模式，玉米可种植鲜食玉米采收青果穗，每亩可收获大麦240～300千克、毛豆青荚600千克、扁豆1 500千克、玉米鲜果穗1 100千克、大蒜青苗2 000千克。

（1）茬口配置 畦宽3米（含墒沟），畦面边侧播种大麦，每畦播种两幅，麦幅宽75厘米，大麦中间留1.3米的空幅。翌年2月底至3月上旬，畦面中间空幅处播4行早熟毛豆，行距25厘米、株距12厘米，同时靠边行直播扁豆，穴距35厘米，每亩播2 000穴，扁豆于7月下旬采收结束。5月下旬大麦收割后直播玉米，每畦种植4行，株距25厘米，每亩栽4 000～4 500株。8月上旬玉米采收青果穗后，及时清茬播种大蒜，大蒜行距13～14厘米，株距5厘米。

（2）品种选用 ①大麦。选用春性类型高产品种。②毛豆。选用早熟品种，如"早豆1号""青酥2号"等。③扁豆。选用早熟、高产、质优的红边绿荚类品种。④玉米。选用早熟优质糯玉米品种。⑤大蒜。选用"二水早"等品种。

（3）培管要点 ①大麦。适期早播，按高产措施管理。②毛豆。每亩施用腐熟杂灰肥3 000千克、45%三元复合肥35千克作基肥，耕翻整地，覆盖地膜，打洞播种。3月中旬破膜间苗，每穴留苗2～3株。开花初期每亩施用尿素15千克，结荚盛期叶面喷肥2～3次。③扁豆。齐苗后及早间苗，每穴留苗2株。株高35～40厘米时搭2米高的人字形架，及时引蔓上架，蔓长1.8米时去除顶心，以促进分枝。分枝长1.6米时摘除生长点，并及时摘除超过架高的分枝，始花时每亩施45%三元复合肥15千克，注意防治豆荚害虫，采收结束后及时拔架清茬。④玉米。5月底查苗补苗、除草，每亩施尿素20千克促壮苗。6月下旬至7

月上旬，每亩施用尿素 25 千克加粪水 1 000 千克。根据所种植的鲜食玉米品种类型，适时采收青果穗。⑤大蒜。玉米收获结束后，每亩施用腐熟杂灰肥 1 500 千克、45% 三元复合肥 25 千克作基肥，翻熟耙匀耙细后播种。播后覆盖麦秸草，并浇透底水。齐苗后每亩施人畜粪肥 1 400 千克，采收青蒜前 7 ~ 10 天每亩施用尿素 5 ~ 7 千克。

4. 大麦 + 青菜/香瓜—大白菜

江苏苏中地区等地应用该模式，每亩可收获大麦 240 ~ 300 千克、青菜 400 千克、香瓜 1 200 千克、大白菜 3 000 千克。

（1）茬口配置　2 米为 1 个种植组合。秋播时，每个组合麦幅宽 1.2 米，青菜幅宽 0.6 米，墒沟宽 0.2 米。裸大麦于 10 月底在麦幅内条播，行距 20 厘米，翌年 5 月中旬收获。青菜于 10 月初育苗，11 月初移栽到预留的青菜幅内，12 月下旬后分批上市，翌年 1 月底全部离田。香瓜于 3 月 20 日左右塑料薄膜覆盖小拱棚育苗，4 月底、5 月初移栽在青菜收获后的空幅，双株单行，株距 67 厘米，每亩栽种 1 000 株，8 月上旬采收。大白菜于 8 月 15 日左右播种，每组合种 3 行，行距 67 厘米，株距 50 厘米，每亩留苗 2 000 株，10 月底分批收获上市。

（2）品种选用　①大麦。选用春性类型高产品种。②青菜。选用"上海青""苏州青"等品种。③香瓜。选用黄金瓜品种。④大白菜。选用"丰抗 70"等品种。

（3）培管要点　①大麦。适期早播，按高产措施管理。②青菜。选用"上海青"、"苏州青"等品种。移栽前在空幅内每亩施粪肥 1 500 千克作基肥，按规格适期移栽，行距 20 厘米、株距 20 厘米。③香瓜。移栽前 5 天，在原种植青菜的幅内每亩施优质粪肥 2 000 千克、家杂灰 2 500 千克、复合肥 30 ~ 40 千克作基肥。栽后 5 ~ 7 天，每亩施粪肥 2 000 千克作提苗肥。栽后 20 天左右，当主蔓长至 5 ~ 6 片真叶时，留 4 叶进行第 1 次摘心，同时每亩施用粪肥 2 500 千克作发棵肥。栽后 30 天左右，当子蔓有 5 ~ 6 片真叶时，再留 4 叶进行第二次摘心，同时每亩施粪肥 2 500 千克、尿素 10 ~ 15 千克、腐熟菜籽饼 30 ~ 40 千克作花果肥。当果实接触地面时，可在畦面铺麦秸草，以防果实受损，成熟后要适时采收。④大白菜。播前每亩施复合肥 40 千克、饼肥 70 千克、粪肥 1500 千克、腐熟优质鸭灰肥 1 500 千克作基肥。耕整后按规格穴播，每穴播种 3 ~ 4 粒。出苗后及时定苗，移密补缺、中耕松土。播后 30 天每亩用腐熟粪肥 2 000 千克、尿素 25 千克开塘穴施。注意防治软腐病、蚜虫。

（六）大麦收获

大麦到了黄熟期，光合作用停止，麦粒中的养分不再增加，为收获的最佳时期。到了完熟期，茎秆干枯变脆，很容易落粒，如遇多雨，易在穗上发芽。由于淋雨和麦粒的呼吸作用，故必须适时抢收。酿造大麦的脱粒需特别注意，尽量减少籽粒破损。

刚收获大麦的籽粒含水量常高达 40% 左右，需要通过干燥或日光曝晒等方法，促使水分降至 12% ~ 14%，以便于储藏。对于酿造大麦，干燥温度不应超过 40℃，过高温度会对酿造品质造成不良影响。

二、蚕豆高产高效栽培

蚕豆系豆科一年生草本植物，因其豆荚形状似老熟的蚕或因在蚕老时成熟而得名，又名胡豆、罗汉豆、佛豆、南豆等，它起源于亚洲西南部和非洲北部。我国是种植面积最大的国家，南北各地均有栽培。蚕豆的营养丰富，每100克鲜豆粒中含蛋白质9～13克、碳水化合物11.7～15.4克及多种维生素，每100克干豆粒含有蛋白质28.2克、碳水化合物48.6克及各种维生素和无机盐。蚕豆为粮、菜、饲兼用作物，嫩豆粒供菜用，老豆粒也可作蔬菜，蚕豆还可加工成兰花豆、蚕豆酱、蚕豆淀粉、蚕豆粉丝等食品。医学认为蚕豆能益气健脾、利湿消肿，延缓动脉硬化，降低胆固醇促进肠蠕动，预防肠癌。蚕豆茎、叶、花、荚壳和种皮均可入药，性平味甘，有健脾利湿、凉血止血和降低血压的功效，并能治水肿。蚕豆茎叶是优质饲料，蚕豆还可用作绿肥，通过埋青还田、培肥地力。

（一）蚕豆的栽培特性

1. 蚕豆的形态特征

（1）根 蚕豆根系为圆锥根系，根系较发达。种子萌发时，先长出一条胚根，通过不断生长形成主根，主根粗壮，入土可达100厘米以上。主根上生长着许多侧根，侧根在土壤表层先水平伸长，而后向下垂直生长，可深达60～90厘米。蚕豆的主要根群分布在距地表30厘米以内的耕层内。主根、侧根上均有根瘤菌共生，形成根瘤。当蚕豆第一真叶展平时，根瘤菌由根毛侵入并与蚕豆共生，固定空气中游离的氮素。蚕豆的根瘤呈长椭圆形，常聚生在一起。

（2）茎　蚕豆茎秆直立，呈四棱形，中空，表面光滑无毛。茎中的维管束大部分集中在四棱角上，使植株坚挺直立，不易倒伏。植株高度 30～150 厘米。茎上有节，节是叶柄、花荚或分枝的着生处，不同品种节数不同。分枝能力强，主茎、侧茎基部易生分枝，蚕豆植株中上部节间出现的分枝一般不能正常发育结实，为无效分枝。植株分枝多少与品种、播种期、种植密度和土壤肥力等因素有关。蚕豆幼茎颜色是苗期鉴定品种的重要标志，可利用其颜色进行田间去杂提纯。

（3）叶　蚕豆叶有子叶和真叶。子叶两片，肥大，富含营养物质。因下胚轴没有延伸性，蚕豆发芽时子叶留在土中。蚕豆的真叶互生，为偶数羽状复叶。每片复叶由小叶、叶柄和托叶构成，小叶椭圆形，肥厚多肉质，叶面灰绿色，叶背略带白色。小叶数由植株基部逐渐向上增多，随着生殖生长的加快和籽粒的充实，小叶数又逐渐减少，植株顶端的小叶退化成短针状。托叶两牧，近似三角形，背面有一紫色斑点状退化的蜜腺。

（4）花　短总状花序，着生于叶腋间。每一花序上聚生 2～6 朵花，但落花很多，能结荚的只有 1～2 朵。蚕豆的花为蝶形花，由花萼、花冠、雄蕊和雌蕊组成，花冠多为白紫色，也有全白色的，翼瓣中夹有一个黑色大斑点。蚕豆的花器紧密，花药开裂早，花粉撒在龙骨瓣内，故大部分花为自花授粉，但因龙骨瓣对花柱包被不严、或因昆虫采蜜传粉，导致有 20%～30% 的异交率。

（5）果实　荚果，豆荚扁平，呈筒状，形似老蚕。每一叶腋结荚 1～2 个，通常单株结荚 10～30 个。荚果细嫩时荚壁肉质多汁，内有丝绒状绒毛，荚面绿色。荚成熟后，转变成黑色，荚果成熟时沿背缝线处开裂。每荚有种子 2～4 粒。

（6）种子　种子扁平、椭圆形，种皮有青绿、灰色、绿、褐、黄等色，种脐黑色。种皮中因含有凝缩单宁而略涩味。种皮内包着两片肥大的子叶，子叶多为淡黄色，也有绿色的。子叶富含蛋白质、淀粉等营养成分，供幼苗出土及初期生长用。种子大小因品种不同差异较大。

2. 蚕豆的生育周期

蚕豆的生长发育经历发芽出苗期、分枝期、现蕾期、开花结荚期和鼓粒成熟期等几个阶段。

（1）发芽出苗期　从种子萌动到茎叶露出土面 2 厘米为发芽出苗期，经历 8 ~ 14 天。

（2）分枝期　植株出苗后，主茎向上生长，分枝不断抽生，即进入分枝期。蚕豆的分枝期内，经历花芽分化过程，直至开始现蕾。一般历时 90 天左右。

（3）现蕾期　从植株分枝到主茎顶端已长出花蕾，并被 2 ~ 3 片心叶遮盖，一般要经过 35 ~ 40 天。此时，植株根、茎、叶旺盛生长，早期分枝开始现蕾，后期分枝不断形成，是分枝大量形成的时期，表现出营养生长和生殖生长同步进行。

（4）开花结荚期　自开花结荚到叶片自然脱落以前的一段时期为蚕豆的开花结荚期，需 60 ~ 65 天。从开花至开花结束后 7 天左右是蚕豆一生中营养生长快、生殖生长旺盛的时期。自开始鼓粒至叶片自然脱落前，随着营养生长逐渐停止，灌浆加快并出现灌浆高峰。

（5）鼓粒成熟期　从籽粒充实鼓起到变硬为蚕豆的鼓粒成熟期。这段时期是种子形成的重要时期，植株的生长发育是否正常，决定着每荚豆粒数的多少以及粒重的高低。

3. 蚕豆生长对环境的要求

（1）温度　较耐寒，适宜冷凉、湿润的气候。蚕豆种子发芽的最低温度为 3 ~ 8℃，最高温度为 25 ~ 35℃，以 15℃为最适宜。出苗适温为 9 ~ 12℃，营养器官形成温度为 14 ~ 16℃，生殖器官形成温度为 16 ~ 20℃，结荚期为 16 ~ 22℃。

（2）水分　需水较多。在整个生育过程中，以土壤水分为田间持水量的 70% ~ 80% 时最适合，土壤水分过少或过多，都会影响蚕豆的产量和品质。蚕豆需水与其他因素，特别是土壤温度有很大关系，温度较低而水分过多时，土壤透气性较差；土壤温度高而水分过少时又发生干旱。均会使蚕豆生长发育受到严重影响，甚至死亡。蚕豆一生均要求湿润的条件，但不同生育时期对水分要求的多少有不同。种子发芽时要求有较多水分。因蚕豆种子必须吸收相当于种子自身重量的 110% ~ 120% 的水分才能发芽。蚕豆幼苗期比较耐旱。自现蕾开始，植株生长加快，需水逐渐增多。开花期是蚕豆需水最多的时期，要有充足的水分满足开花结荚的需要，若此时水分不足，会增加花荚的脱落，减少产量；结荚开始到鼓粒期也要求较多水分才能保证种子灌浆和正常成熟，此时若缺水会造成幼荚脱落，增多秕荚和秕粒。

（3）光照　喜光、长日性作物。冬春日照充足，气候温和，有利于蚕豆的生育。尤其是开花结荚期更需要足够的阳光，此时如植株过大，互相遮光严重，会发生大量落花落荚。长日照条件下，有利于提早成熟，籽粒数增多。

（4）土壤　蚕豆对土壤要求不太严格，但以土层深厚、排水良好、富含有机质的中性或微酸性土壤为好。蚕豆较耐碱性，适宜的 pH 值为 6.2 ~ 8.0，即微酸性到微碱性的土壤，因为在这种酸碱度范围内有利于根瘤菌的活动。

（5）养分　蚕豆需肥较多。每生产 100 千克籽粒，需氮（N）6.7 ~ 7.8 千克、磷（P_2O_5）2 ~ 3.4 千克、钾（K_2O）5 ~ 8.8 千克。蚕豆生长需要较多的钙，每生产 100 千克籽粒约需钙 3.9 千克。此外还需适量的多种微量元素。蚕豆不同生育阶段吸收的养分量差异较大。出苗到始花期，需要量占全生育期中所需要养分总量的比重为氮 20%、磷 10%、钾 37%、钙 25%；始花到终花期需要的养分占全生育期需要量的比重为氮 48%、磷 60%、钾 46%、钙 59%；灌浆到成熟，需要的养分占全生育期需要量的比重为氮 32%、磷 30%、钾 17%、钙 16%。蚕豆施硼能促进根瘤菌固氮，减少落花落荚，提高结荚率，并促进钙的作用。钼对蚕豆根系和根瘤的发育均有良好影响。

（二）蚕豆的类型和品种

1. 蚕豆的品种类型

通常按生态型、粒型大小、种皮颜色、荚的长短、生育期长短及用途等方面，对蚕豆进行分类。

按生态型，可分成春播类型和秋播类型。春播类型（春性蚕豆），其生产特点是春播秋收，生长季节较短，根据不同的生长区，通常 3 月中旬至 5 月中旬播种，7～9 月收获；秋播类型（冬性蚕豆），其生产特点是秋播夏收，生长季节较长，根据不同的生长区，通常 10～11 月播种，翌年 4～5 月收获。

按粒型大小，可分成大粒型、中粒型和小粒型。大粒型蚕豆的种子宽而扁，百粒重在 120 克以上，种皮颜色多为乳白和绿色两种，植株高大，生长过程中对肥水条件的要求较高，多在旱肥地种植，其特点是品质好、商品价值高，常作粮食或蔬菜食用；中粒型蚕豆呈扁椭圆形，百粒重为 70～120 克，种皮颜色以绿色和乳白色为主，品种的适应性广，抗病性好，水田、旱地均可种植，产量高，宜作粮用或制作副食品；小粒型蚕豆的种子小，呈近圆形或椭圆形，百粒重在 70 克以下，品种对肥水条件的要求不甚严格，适应性强，产量较高，但品质较差，一般作为饲料和绿肥种植，也可加工成多种副食品。

按种皮颜色，可分为青皮（绿皮）种、白皮（乳白）种、红皮（紫皮）种和黑皮种 4 个类型。

按荚的长度，可分为长荚型（荚长 10 厘米以上）和短荚型（荚长 10 厘米以下）。

按生育期长短，可分成早熟种、中熟种和晚熟种。因各蚕豆栽培地区的气候条件和栽培制度而不同，不好统一标准加以划分。

按用途，可分食用、饲用和绿肥等类型。食用类型一般籽粒较大，口味较好；饲用类型一般粒小或很小，而且近似球形；绿肥类型一般粒较小，但分蘖力强，植株生长茂盛，固氮能力强，生物学产量高。

2. 蚕豆的主要良种

（1）苏蚕豆 1 号　江苏省农业科学院蔬菜研究所育成，2012 年江苏省鉴定，属中熟干青兼用型蚕豆品种，适宜江苏淮南地区秋季栽培。2009—2011 年度参加省鉴定试验，两年平均鲜荚亩产 1 166.1 千克，比对照日本大白皮增产 5.7%，一年增产显著，一年增产极显著；鲜籽亩产 410.4 千克，比对照日本大白皮增产 11.4%。幼叶呈绿色，叶椭圆，叶肉厚。植株长势旺盛，茎秆粗壮呈青绿色，分枝多。花浅紫色，青荚绿色，鲜籽粒白色，干籽粒淡白色。播种至青荚采收 209 天，株高 102.3 厘米，主茎 18.4 节，主茎分枝 5.0 个。单株结荚 19.2 个，荚长 9.61 厘米，荚宽 2.2 厘米，每荚 2.0 粒，鲜百荚重 1 508.8 克，出籽率 35.2%，鲜籽百粒重 296.5 克，鲜籽长 2.7 厘米，鲜籽宽 1.9 厘米。鲜籽口感香甜，粗蛋白含量 29.2%。田间病害发生较轻，具抗倒性，耐低温特性好。

（2）苏蚕豆 2 号　江苏省农业科学院蔬菜研究所育成，2012 年江苏省鉴定，属中熟干青兼用型蚕豆品种，适宜江苏淮南地区秋季栽培。2009—2011 年度参加省鉴定试验，两年平均鲜荚亩产 1 204.7 千克，比对照日本大白皮增产 9.2%，一年增产极显著，一年增产不显著；鲜籽亩产 431.6 千克，比对照日本大白皮增产 17.2%。幼叶呈绿色，叶椭圆，叶肉厚。植株长势旺盛，茎秆粗壮呈青绿色，分枝多。花紫色，青荚深绿色，鲜籽粒深绿色，干籽粒青绿色。播种至青荚采收 208 天，株高 103.6 厘米，主茎 18.0 节，主茎分枝 5.2 个。单株结荚 25.5 个，荚长 9.4 厘米，荚宽 2.2 厘米，每荚 1.9 粒，鲜百荚重 1 389.4 克，出籽率 35.6%，鲜籽百粒重 293.4 克，鲜籽长 2.5 厘米，鲜籽宽 2.0 厘米。鲜籽口感香甜，粗蛋白含量 29.0%。田间病害发生较轻，具抗倒性，耐低温特性好。

（3）苏鲜蚕 1 号 江苏省农业科学院蔬菜研究所育成，2012年江苏省鉴定，属中熟干青兼用型蚕豆品种，适宜江苏淮南地区秋季栽培。2009—2011 年度参加省鉴定试验，两年平均鲜荚亩产 1 067.6 千克，比对照日本大白皮减产 3.2%；鲜籽亩产 357.3千克，比对照日本大白皮减产 3.0%。幼叶呈绿色，叶椭圆。植株长势旺盛，茎秆粗壮呈青绿色。花白色，青荚绿色，鲜籽粒绿色。播种至青荚采收 211 天，株高 85.9 厘米，主茎 16.3 节，主茎分枝 4.6 个。单株结荚 14.1 个，荚长 11.6 厘米，荚宽 2.5 厘米，每荚粒数 2.2 个，鲜百荚重 2 383.1 克，出籽率 33.3%，鲜籽百粒重 401.3 克，鲜籽长 3.2 厘米，鲜籽宽 2.3 厘米。鲜籽口感香甜柔糯，粗蛋白含量 28.6%。田间病害发生较轻，具抗倒性，苗期抗寒性一般。

（4）苏鲜蚕 2 号 南京农业大学和南通恒昌隆食品有限公司育成，2012 年江苏省鉴定，属中熟鲜食蚕豆品种，适宜江苏淮南地区秋季栽培。2009—2011 年度参加省鉴定试验，两年平均鲜荚亩产 1 183.3 千克，比对照日本大白皮增产 7.3%；鲜籽亩产 404.5 千克，比对照日本大白皮增产 9.8%。幼叶呈绿色，叶椭圆。植株长势旺盛，茎秆粗壮呈青绿色。花白色，青荚绿色，鲜籽粒绿色。播种至青荚采收 211 天，株高 85.4 厘米，主茎 17.0 节，主茎分枝 4.7 个。单株结荚 14.1 个，荚长 14.1 厘米，荚宽 2.4 厘米，每荚 2.6 粒，鲜百荚重 2 339.9 克，出籽率 33.6%，鲜籽百粒重 365.0 克，鲜籽长 3.0 厘米，鲜籽宽 2.0 厘米。鲜籽口感香甜柔糯，粗蛋白含量 28.6%。田间病害发生较轻，具抗倒性，苗期抗寒性一般。

（5）通蚕鲜 7 号　江苏沿江地区农业科学研究所育成，2012 年江苏省鉴定，属中熟鲜食蚕豆品种，适宜江苏淮南地区秋季栽培。2009—2011 年度参加省鉴定试验，两年平均鲜荚亩产 1 185.2 千克，较对照日本大白皮增产 7.4%，两年增产均达极显著水平；亩产鲜籽 402.7 千克，较对照日本大白皮增产 9.3%。幼叶呈绿色，叶椭圆，叶肉厚。植株长势旺盛，茎秆粗壮。花浅紫色，青荚绿色，鲜籽粒绿色，干籽粒种皮白色，黑脐。播种至青荚采收 209 天，株高 96.7 厘米，主茎 15.5 节，主茎分枝 4.6 个，单株结荚 15.2 个，荚长 11.8 厘米，荚宽 2.6 厘米，每荚 2.3 粒，鲜百荚重 2 500.4 克，出籽率 33.9%，鲜籽百粒重 379.3 克，鲜籽长 3.0 厘米，鲜籽宽 2.2 厘米。鲜籽粒口感香甜柔糯，粗蛋白含量 27.8%。田间病害发生较轻，具抗倒性，耐低温特性较好。

（6）通蚕鲜 8 号　江苏沿江地区农业科学研究所育成，2012 年江苏省鉴定，属中熟鲜食蚕豆品种，适宜江苏淮南地区秋季栽培。2009—2011 年参加省鉴定试验，两年平均鲜荚亩产 1 161.6 千克，较对照日本大白皮增产 5.3%，一年增产极显著，一年增产显著；亩产鲜籽 388.7 千克，较对照日本大白皮增产 5.4%。幼叶呈绿色，叶椭圆，叶肉厚。植株长势旺盛，茎秆粗壮。花紫色，青荚绿色，鲜籽粒绿色，干籽粒种皮白色，黑脐。播种至青荚采收 209 天，株高 94.5 厘米，主茎 16.1 节，主茎分枝 5.2 个，单株结荚 14.7 个，荚长 11.3 厘米，荚宽 2.5 厘米，每荚 2.1 粒，鲜百荚重 2 346.0 克，出籽率 33.3%，鲜籽百粒重 379.5 克，鲜籽长 2.8 厘米，鲜籽宽 2.1 厘米。鲜籽粒口感香甜柔糯。

田间病害发生较轻，具抗倒性，耐低温特性较好。

（7）通鲜 2 号　江苏沿江地区农业科学研究所育成，2012年江苏省鉴定，属中熟鲜食蚕豆品种，适宜江苏淮南地区秋季栽培。2009—2011 年度参加省鉴定试验，两年平均鲜荚亩产1 139.01 千克，比对照日本大白皮增产 3.3%；鲜籽亩产 385.6千克，比对照日本大白皮增产 4.7%。幼叶呈绿色，叶椭圆，叶肉厚。植株长势旺盛，茎秆粗壮，分枝多。花紫色，青荚深绿色，鲜籽粒深绿色，干籽粒青绿色。播种至青荚采收 209 天，株高 98.4 厘米，主茎 16.1 节，主茎分枝 4.8 个。单株结荚 14.6个，荚长 10.3 厘米，荚宽 2.6 厘米，每荚 2.0 粒，鲜百荚重2 015.2 克，出籽率 33.8%，鲜籽百粒重 385.2 克，鲜籽长 2.9厘米，鲜籽宽 2.2 厘米。鲜籽口感香甜柔糯。田间病害发生较轻，具抗倒性，耐低温特性好。

（8）启豆 5 号　江苏省启东市绿源豆类研究所育成，2001年江苏省南通市品种审定，大粒型蚕豆品种。该品种具有皮色绿，品质优，豆粒大和产量高等特点。植株高度 95~100 厘米，茎秆粗壮，根系发达，抗倒，对锈病、黄花叶病抗性强。单株有效分枝 3~4 个，分枝结荚 3~3.5 个，每荚粒数 2.4 粒左右。鲜豆百粒重 480~500 克，干豆的百粒重 210 克左右，粒型为长椭圆形，绿皮黑脐，单宁含量仅 0.24%，青豆皮薄鲜嫩，肉质细腻，质地酥软，无涩味，口感优良。一般每亩可产青荚 1 000 千克左右，或产干籽 180 千克左右。

（9）通蚕 3 号　江苏沿江地区农科所育成，2001 年通过江苏省南通市品种审定，大粒型蚕豆品种。该品种出苗整齐，苗期长势强，株高中等，叶片较大，茎秆粗壮，结荚高度适中，生长势旺。分枝性强，单株分枝 3.7 个，单株结荚 11 个，百粒重133.6 克左右，紫花、白皮、黑脐。全生育期 221 天左右，中熟；丰产性好，一般亩产 220 千克左右。耐寒性强，耐肥抗倒性好，适于与玉米、棉花、西瓜等作物套种。较抗赤斑病、锈病，中后期根系活力较强，不裂荚，秸青籽熟，熟相好，稳产性能好。该品种种皮浅绿有光泽，籽粒商品性好，青豆口味鲜而不涩，品质优良。经江苏省农业科学院饲料食品研究所测定（2001年），籽粒的粗蛋白含量为28.6%。

（10）日本大白皮　大粒型蚕豆品种。原名陵西1寸，从日本引进我国，具有荚大粒大、鲜食品质佳、市场畅销和适宜冷冻加工等优点，在江苏、浙江等地具有较大的种植面积。该品种生长旺盛，茎秆粗壮，茎叶色泽绿色，叶大而厚，花呈白色，偶有紫花混合，鲜豆种皮呈淡青白色。株高85公分，分枝中等，每荚2~3粒，单粒鲜重5.4克，干豆百粒重170克以上，产量较高，一般亩产鲜荚800~1 000千克，全生育期210天左右（鲜荚收获180天左右），比慈溪大白蚕迟4~5天，耐肥性好，抗寒性稍差。

（11）启豆2号　江苏省启东市蚕豆试验站育成，适应长江中下游地区种植。该品种成熟早、产量高、适应性广、抗性强，全生育期228天左右，株高95厘米左右，有效分枝多达5个以上，分株结荚率达3~4荚，每荚粒数达3~4粒，百粒重80克左右，纯作亩产干豆能达250千克，适应长江中下游地区种植，高抗锈病，抗倒性好。

（三）蚕豆优质高产栽培

1. 整地和基肥施用

（1）轮作倒茬　蚕豆的根瘤菌适宜中性或碱性土壤环境中活动，如在同一地块上连续多年种植，豆根分泌的有机酸会使土壤酸性加重，影响根瘤菌和土壤微生物的繁殖，致使蚕豆植株生长矮小、结荚少、病害加重，产量降低。因此，蚕豆应与小麦、油菜或蔬菜等作物实行轮作倒茬，以提高产量。

（2）整地开沟 蚕豆根系发达，入土深，整地必须深耕细耙。若耕深不足，蚕豆根系在土壤中发育受阻，根系没有足够的范围吸收养分，会影响蚕豆生长发育，降低产量。长江下游地区的稻田要在水稻蜡熟初期，及时开沟作畦排水降湿。具体的应根据原来耕作层的深浅来进行耕翻，若原来耕作层较浅的，要逐年加深，前茬为棉花、水稻、甘薯、玉米的地块，可机耕20厘米左右，再进行平地播种。

（3）施用基肥 基肥视地力高低而定。土壤肥力较好的，每亩可施用25千克左右的过磷酸钙，再加50~75千克的草木灰（或50千克氯化钾）。土壤肥力较差的，每亩应施用腐熟优质有机肥1 000~2 000千克、过磷酸钙25千克、草木灰50~75千克（或氯化钾50千克）。基肥通常采用集中施肥法，将肥料沟（穴）施于蚕豆中间，避免肥料与种子直接接触后灼伤种子，影响种子发芽率，造成缺苗断垄。

2. 蚕豆播种

（1）精选种子 蚕豆种子大，子叶也大，在种子的发芽、出苗及其出苗以后的一个时期内，幼苗的生长全靠子叶供应养分，加之蚕豆种子往往因保管不善，容易腐烂虫蛀，出苗率低，苗势差。因而，蚕豆播种前要精选种子，选用成熟度高、饱满、无病虫害的种子。播种前选晴天晒种2~3天，以增强种子吸水膨胀力，促进种子内部的物质转化，提高发芽势和发芽率。未种植过蚕豆的田间，播种时需用根瘤菌接种。

（2）适期播种 蚕豆的适宜播种期，因各地气候条件而不同。限制蚕豆播种期的主要因素是温度。蚕豆性喜温暖而湿润的气候，不耐高温，但能忍受0~-4℃的低温，-7~-5℃时即遭受冻害。植株开始受害或部分冻死的临界温度是：苗期-6~-5℃，开花期和乳熟期-3~-2℃。在长江中下游地区，秋播蚕豆全生育期需>5℃的积温为1 200~1 300℃，通常在当地平均气温降到 9 ~ 10℃ 时播种。长江下游沿江等地，通常 10 月中下旬播种为宜。适宜播期范围内，适当早播有利于高产。一是有利于及时出苗，确保冬发，苗株茎秆粗壮；二是可在冬前形成较为发达的根系，根瘤数多，春后分枝比较粗壮，并能增加有效分枝；三是可使蚕豆在较适宜气候条件下开花结荚，提高结荚率；四是促使提早开花结荚，灌浆期拉长，增加粒重。

（3）合理密植　蚕豆是喜光又分枝的作物，产量由有效分枝数、每枝荚数、每荚粒数和粒重构成。基本苗不够，群体过小，不能夺得高产。与高产群体结构最密切相关的是合理配置行距、株距和整枝定苗。蚕豆行株距大小要根据地区、土壤种类、地力好差、施肥水平、茬口类型和品种的高度等来确定。一般行株距离为 50 厘米 × 25 厘米，或 40 厘米 × 30 厘米，或 100 厘米 × 15 厘米，每亩 4 500 ~ 7 000 穴，每穴 2 粒，播种深度 3 ~ 5 厘米，沙土稍深，黏土、壤土稍浅。大粒品种，可放宽密度，株行距可采用（100 ~ 110）厘米 ×（25 ~ 30）厘米（稻茬田），或（120 ~ 125）厘米 ×（25 ~ 27）厘米（接茬玉米或棉花）。每亩用种量因行株距及种子大小而有差异，一般为 8 ~ 12 千克。

3. 田间管理

（1）中耕除草　蚕豆生育期长，一生中需多次中耕除草。特别是冬季温度较高，雨水多，土壤易板结，杂草生长也快，播种出苗后，结合查苗补苗进行第 1 次中耕，及时疏密去弱，减轻荫蔽，去除杂草，促进分枝健壮生长。特别是枯死后的植株往往成为发病中心，应及时除去。冬至前后进行第 2 次中耕，结合施肥清沟培土防冻，确保蚕豆安全越冬。开花前进行第 3 次中耕，并在植株根际进行培土，以防止后期倒伏。蚕豆的分枝能力很强，但生育后期的分枝大多是无效分枝。无效分枝的生长不仅造成田间郁闭，而且消耗养分影响有效茎的开花结荚。因此，要结合中耕培土掰去过多的分枝芽，促使养分集中运输给有效分枝。

（2）肥水管理　肥料运筹上掌握"重施基肥、增施磷肥、看苗施氮、分次追肥"的原则。植株幼苗期根瘤菌尚未形成或未发育完善时，需要从土壤中吸收氮肥。当幼苗 3~4 片真叶时，种子中所贮藏的养分耗尽，如幼苗生长缓慢，叶色转黄，特别是在肥力较差的土壤上要及时追肥，以促进早分枝、多分枝。通常每亩施用 3~5 千克尿素作苗肥。开花期是蚕豆营养生长和生殖生长高峰期，适当追施氮素肥料，能减少花荚脱落，延长植株上部叶功能期，具有显著的增产作用，因此生产上要求普施花荚肥（长势过旺的除外），通常每亩施用尿素 8~10 千克，长势差的田块应在初花期施用，长势好的田块可在盛花后期施用。蚕豆既怕旱又怕涝。苗期积水，容易造成根系和根瘤生长不良；花荚期遇有涝渍情况时，不但根系活力下降、导致花荚大量脱落，而且田间湿度的增加还会加剧病害发生，生产上，要及时清理排水沟，做到沟沟相通，排水畅通。

（3）整枝摘心　整枝能够促进有效分枝健壮生长，有利于壮秆、多结荚。生产上，当植株高达 30 厘米时，打去主茎，整除细小、瘦弱的无效分枝，保留健壮侧枝 5~6 个，并用土块压在植株中间，使侧枝分开，有利于通风透光；进入盛花后期，应及时打顶，以减少植株上部无效养分消耗，促进养分向下部幼荚供应，促使豆粒充实饱满。整枝摘心作业时，宜选择在晴天露水干后进行。植株生长不旺、密度不高、土壤肥力不足等情况下，不宜整枝摘心。

（四）蚕豆主要病虫害防治

1. 主要病害的防治

为害蚕豆的主要病害有蚕豆赤斑病、蚕豆褐斑病、蚕豆锈病、蚕豆轮纹病和蚕豆根腐病等。

（1）蚕豆赤斑病　主要危害叶片，严重时茎、花和幼茎上也有病斑发生。发病初期，先在蚕豆叶片或茎秆上产生针头大的小赤点，逐渐扩大成圆形或椭圆形的赤褐色病斑，最后病斑中央红褐色、稍凹陷，边缘紫红色、微隆起，与健部有明显的界限。在高温、高湿条件下，病斑增多扩大，连结成铁灰色的枯斑，引起落叶。茎和叶柄上产生红褐色条纹形病斑，逐渐出现长短不一的裂缝。花朵受害时，花冠呈现出褐色的枯腐，并由下而上逐渐凋落。幼荚受害时，生红褐色斑点。病害严重时病株各部，包括花都变为黑色、枯腐，病斑上面生有灰色的霉状物，叶片落光，最后全株枯死。剥开枯秆，黑色茎秆内壁有黑色菌核。

防治措施：①控制菌源。蚕豆收割后，及时将从田间清出的枯枝烧毁，重病地块实现 2 年以上的水旱轮作。②加强田间管理。提倡高畦深沟栽培，雨后及时排水，降低田间湿度。适当密植，注意通风透光。忌偏施氮肥，增施草木灰及磷钾肥，增强植株的抗病力。③种子处理。播种前，可用种子重量 0.3% 的 50% 多菌灵可湿性粉剂、50% 敌菌灵可湿性粉剂拌种。④药剂防治。发病初期，可用 50% 敌菌灵可湿性粉剂 1 500～2 000 倍液，或用 40% 多菌灵·硫悬浮剂 500～600 倍液，或用 50% 乙烯菌核利可湿性粉剂 1 000～1 500 倍液等，间隔 10 天喷施 1 次，连续 2～3 次。

（2）蚕豆褐斑病　叶片染病初呈赤褐色小斑点，后扩大为圆形或椭圆形病斑，周缘赤褐色特明显，病斑中央褪成灰褐色，其上密生黑色呈轮纹状排列的小点粒，病情严重时相互融合成不规则大斑块，湿度大时，病部破裂穿孔或枯死。茎部染病产生椭圆形较大斑块，中央灰白色稍凹陷，周缘赤褐色，被害茎常枯死折断。豆荚染病后病斑暗褐色，四周黑色，凹陷，严重时荚枯萎，种子瘦小，不成熟，病菌可穿过荚皮侵害种子，致种子表面形成褐色或黑色污斑。

防治措施：①控制菌源。清除和销毁田间带病残株，并配合深耕消灭病菌。轮作可以明显减轻褐斑病为害。②选用无病种子。选用无病豆荚，单独脱粒留种。③加强田间管理。适时播种（播期不宜过早），提倡高畦栽培，适当密植，增施钾肥，提高抗病力。④药剂防治。发病初期，可用70%甲基硫菌灵可湿性粉剂600～800倍液、或用47%春雷霉素·氧氯化铜可湿性粉剂600～1 000倍液、或用80%代森锰锌可湿性粉剂500～600倍液等，间隔7～10天喷施1次，连续1～2次。

（3）蚕豆锈病　主要为害叶和茎，发病初期仅在叶两面生淡黄色小斑点，然后颜色逐渐加深，呈黄褐色或锈褐色，斑点也扩大并隆起，叶片上出现锈斑，直至叶片干枯。严重时植株全部枯死。锈病的发生与温度、湿度、播种期、品种等均有关系。锈病病菌喜欢温暖潮湿，14～24℃适宜锈病菌发芽和侵染。低洼积水，土质黏重，排水不良的地方容易发病；生长茂盛，通风透光不好的地方也易发病。

防治措施：①适时早播。防止冬前发病，减少病原基数，生育后期避过锈病盛发期。②加强田间管理。合理密植，开沟排水，及时整枝，降低田间湿度。③拔除病株。田间发现病株，应及时拔除并烧毁；④药剂防治。发病初期应根据病情防治1～2次，或视病情在花荚期防治1～2次。药剂可选用15%三唑酮可湿性粉剂1 000～1 500倍液，或用65%代森锌可湿性粉剂500～600倍液，或用6%氯苯嘧啶醇可湿性粉剂2 500～3 000倍液。

（4）蚕豆轮纹病　主要为害叶片，有时也为害茎、叶柄和荚。发病初期，叶片出现紫红褐色小点，而后扩展成边缘清晰的圆形或近圆形黑褐色轮纹斑，边缘明显稍隆起。一片蚕豆叶上常生多个病斑，病斑融合成不规则大型斑，病叶变成黄色，最后成黑褐色，病斑内隐约可见同心轮纹，病部穿孔或干枯脱落。湿度大或雨后及阴雨连绵的天气，病斑正、背两面均可长出灰白色薄霉层。

防治措施：①选用无病种子。选用无病豆荚，单独脱粒留种。为保证种子不带病菌，可在56℃温水浸种5分钟，进行种子消毒；②加强田间管理。适期播种，提倡高畦深沟栽培，增施有机肥。雨后及时排水，降低田间湿度。适当密植，注意通风透光，增强植株的抗病力；③药剂防治。发病初期，喷施70%甲基硫菌灵可湿性粉剂600~800倍液，或用50%敌菌灵可湿性粉剂500~600倍液，或用6%氯苯嘧啶醇可湿性粉剂2 500~3 000倍液，间隔10天喷1次，连续1~2次。

（5）蚕豆根腐病　主要为害根和茎基部，引起全株枯萎。一般在蚕豆花期发病严重。受害植株的主根和茎基部初生水渍状病斑，然后发黑腐烂，侧根或主根大部分干缩、枯朽，皮层易脱离。烂根表面有致密的白色霉层，以后变成黑色颗粒（病菌的菌核）。病茎水分蒸发干后变成灰白色，表皮破裂如麻丝，内部有时也有鼠粪状黑色颗粒。

防治措施：①实行轮作。蚕豆与小麦或油菜等作物三年以上轮作，对控制病害有良好的效果，但不宜与豆科牧草轮作。②加强田间管理。提倡高畦深沟栽培，雨后及时排水，降低田间湿度，不偏施氮肥，合理密植，提高植株抗病能力。③种子处理。播前用56℃温水浸种5分钟，或用50%多菌灵可湿性粉剂700倍液浸种10分钟。④药剂防治。播种时每亩用50%多菌灵150克拌细土盖种，也可在苗期用50%多菌灵可湿性1 000倍液灌根，或用70%甲基硫菌灵可湿性粉剂800~1 500倍液等喷雾。

2. 主要虫害的防治

为害蚕豆的主要虫害有蚜虫等。

蚜虫　直接吸食叶内液汁而影响蚕豆生长，更严重的是它传染病毒病，使叶片皱缩、褪色，植株变矮，影响蚕豆生长发育，产量下降，甚或植株死亡，颗粒无收。蚜虫繁殖力很强，同时具有飞迁的习性，因而应在蚜虫的大量繁殖之前进行有效的药剂防治。

防治措施：①摘心整枝。摘除有蚜虫的蚕豆顶心、雄枝等。②黄板诱杀蚜虫。③药剂防治。发生初期可用10%吡虫啉可湿性粉剂1 500倍液，或用3%啶虫脒乳油2 000倍液，或用48%毒死蜱乳油1 500倍液，喷雾防治，每周1次，连续防治3~4次。

（五）蚕豆集约种植生产实例

1. 蚕豆/玉米+毛豆—青花菜

江苏东南沿海地区应用该模式，一般每亩收获蚕豆175千克、玉米500千克、毛豆荚250千克、青花菜1 500千克。

（1）茬口配置　蚕豆采用133厘米等行距种植，晚秋播种，穴距20厘米，每穴播种3~4粒；玉米在蚕豆行间套种，4月上旬播种，每亩密度4 000株，7月底收获；毛豆于5月下旬蚕豆叶凋谢时，在蚕豆两侧各播种1行，穴距20~25厘米，每穴3粒，8月中旬收获；青花菜7月底育苗，8月下旬移栽，按50厘米行距起小高垄，亩栽3 000株左右，11月上旬陆续收获。

（2）品种选用　①蚕豆。选用"启豆2号"等品种。②玉米。选择定名、适宜本地种植的早熟高产春玉米品种。③毛豆。选用早熟优质品种，如"台湾292"等。④青花菜。选用"圣绿"等品种。

（3）培管要点　①蚕豆。每亩施过磷酸钙40千克作基肥，蚕豆盛花期施尿素7.5千克作花荚肥，初花至盛花期及时用药防治赤斑病，注意蚜虫的防治。②玉米。每亩施玉米专用复合肥50千克作基肥，播种后喷除草剂化除杂草，出苗后及时扶理蚕豆植株防止隐蔽，玉米5~6张展开叶时每亩施人畜粪肥750千克作拔节肥，玉米9~10张展开叶时每亩施用碳酸氢铵50千克作穗肥，玉米大喇叭口期用药灌心防治玉米螟。③毛豆。每亩施复合肥15千克作基肥，播后用除草剂化除杂草，第1张复叶时定苗每穴 2 株，初花期每亩施尿素 7.5 千克作花荚肥，及时防治蚜虫、大豆食心虫和蜗牛。④青花菜。玉米收获后整地，每亩施优质腐熟有机肥 2 000 千克加复合肥 50 千克作基肥，植株花芽刚见后第一次追肥，每亩用磷酸二铵 15 千克加尿素 10 千克混施，以后每隔 7~10 天追施一次人粪尿肥（追施 3~4 次为宜），干旱时每隔 7~8 天浇 1 次水，注意中耕、松土、保墒，及时防治黑腐病、霜霉病和菜青虫。

2. 蚕豆/玉米/冬瓜

江苏东南沿海地区应用该模式，蚕豆采收青荚，玉米采收青果穗，一般每亩收获蚕豆青荚 1 000 千克、玉米青果穗 1 000 千克、冬瓜 7 000~8 000 千克。

（1）茬口配置　267 厘米为一组合。蚕豆于 10 月中旬在一个组合内种植两行，小行距 67 厘米，穴距 20 厘米，每穴 3~4 粒；玉米于翌年 4 月上旬在 2 米蚕豆大行内播种 2 行，双行双株，小行距 50 厘米，株距 17 厘米，采用地膜覆盖；冬瓜于 4 月中旬育苗，蚕豆收青荚后移栽，每一个玉米大行内移栽 1 行冬瓜，株距 80 厘米，每亩 300 株左右。

（2）品种选用　①蚕豆。选用"启豆 5 号"或"日本大白皮"等品种。②玉米。选用优质糯玉米品种，如苏玉糯系列品种。③冬瓜。选用"台湾粤蔬黑皮冬瓜"等品种。

（3）培管要点　①蚕豆。每亩施过磷酸钙 40~50 千克作基肥，12 月中旬壅根防冻，3 月下旬至 4 月初每亩施尿素 7.5 千克作花荚肥，3 月上中旬整枝，每米行长留健壮分枝 50 个左右，及时防治蚕豆赤斑病和蚜虫。②玉米。每亩施腐熟优质农家肥 1 000 千克、专用复合肥 50 千克作基肥，播种盖土后喷除草剂化除杂草，覆盖地膜，5~6 张展开叶时每亩施人畜粪肥 500 千克作拔节肥，9~10 张展开叶时每亩施碳酸氢铵 50 千克作穗肥，大喇叭口期用药灌心防治玉米螟。③冬瓜。营养钵育苗，苗龄

30 天。每亩施腐熟有机肥 1 000 千克、复合肥 50 千克作基肥，埋肥深度 10 ~ 15 厘米，平整后作垄，喷施除草剂化除，然后覆盖地膜移栽。活棵后每亩用尿素 5 千克对水穴施，6 月底大量结瓜期每亩施尿素 15 ~ 20 千克，垄间用麦秆或玉米秸秆等覆盖以利于冬瓜伸蔓，及时整枝、打杈、压蔓，防治好霜霉病、角斑病和菜螟虫、红蜘蛛、蚜虫等病虫害。

3. 蚕豆 + 榨菜/玉米/小辣椒

江苏东南沿海地区应用该模式，蚕豆采收青荚，玉米采收干籽，秋播至玉米播种前在蚕豆行间增种一季榨菜，具有粮菜饲经多元集约高效种植的特点。

（1）茬口配置 200 厘米为一组合。蚕豆于 10 月 15 ~ 20 日播种，每组合种植 2 行蚕豆，小行距 50 厘米，大行距 150 厘米，穴距 20 厘米；榨菜于 9 月下旬育苗，10 月下旬在蚕豆大行中间种植 2 行，行距 40 厘米，株距 18 厘米，每亩定植 3 700 株左右；玉米套种在蚕豆大行中间，于翌年 4 月上中旬榨菜收获后套播 1 行，单行双株种植，每亩密度 3 500 株左右；小辣椒于 4 月下旬播种育苗，在蚕豆采收青荚后于 5 月下旬移栽在玉米行间，移栽 4 行，行距 40 厘米，株距 13 厘米，每亩密度 10 000 株左右。

（2）品种选用 ①蚕豆。选用"启豆 5 号"等品种。②榨菜。选用"桐农 1 号"等品种；③玉米。选择早熟高产春玉米品种。④小辣椒。选用"启东朝天椒"等品种。

（3）培管要点 ①蚕豆。每亩施过磷酸钙 30 ~ 40 千克作基肥，及时用药防治地下害虫，3 月上中旬对长势旺盛、分枝密度过高的田块进行整枝，每米行长留健壮分枝 50 个左右，3 月下旬至 4 月初每亩追施尿素 5 千克作花荚肥，重点防治蚕豆赤斑病。②榨菜。每亩施用腐熟人畜粪肥 500 ~ 700 千克、复合肥 40 千克作基肥，活棵后每亩施尿素 5 千克作提苗肥，立春至雨水期间每亩施尿素 8 千克作返青肥，惊蛰至春分每亩施尿素 15 千克作块根膨大肥，做好壅根、防冻、清沟、理墒，防治白粉病、蚜虫等病虫害，适时收获。③玉米。每亩施专用复合肥 40 千克、碳铵 30 千克作基肥，三叶期每亩追施尿素 7.5 千克作苗肥，9～10 张展开叶时每亩施碳铵 50 千克作穗肥，大喇叭口期用药灌心防治玉米螟。④小辣椒。移栽后每亩施尿素 4～5 千克作醒棵肥，初花期每亩施尿素 20～25 千克作花果肥，霜降后拔椒秆前 7～10 天，每亩用 40% 乙烯利 150～200 克对水 40 千克喷洒植株中上部，提高红椒率，及时防治炭疽病、棉铃虫、斜纹夜蛾等病虫害。

4. 蚕豆 + 榨菜/棉花

江苏东南沿海地区应用该模式，蚕豆种植大粒鲜食型，每亩收获青蚕豆荚 1 000 千克、榨菜 2 500 千克、棉花（籽棉）300 千克。

（1）茬口配置 蚕豆于 10 月中旬播种（不迟于 10 月 20 日），115 厘米等行种植，穴距 26 厘米，每穴 3 粒，翌年 5 月上旬开始采摘青蚕豆上市。榨菜 9 月下旬至 10 月初播种，11 月中旬定植于蚕豆空幅内，每幅内栽 2 行，行距 50 厘米，株距 14 厘米，翌年清明后采收后加工。棉花于 4 月 5 日前后播种，5 月 15 日左右移栽于蚕豆空幅中央，每个空幅 1 行棉花，株距 33 厘米。

（2）品种选用 ①蚕豆。选用大粒型优质品种。②榨菜。选用"桐农 1 号"等品种。③棉花。选择优质抗虫棉品种。

（3）培管要点 ①蚕豆。每亩用过磷酸钙 40 千克作基肥，同时每亩施入 3% 辛硫磷颗粒剂 200 克防治地下害虫，肥料和农药施于播种沟内，通常情况下一般不用追肥，但长势偏弱的田块可于 3 月下旬每亩施用尿素 5 千克。注意防治蚕豆赤斑病和蚜虫。②榨菜。选择地势高爽、土壤肥沃的沙壤土育苗，并适当稀播。榨菜施肥以有机肥为主，施足基肥，早施重施膨大肥。整地前每亩施用腐熟畜粪肥 2 500 千克、45% 复合肥 25 千克作基肥，立春后每亩施用尿素 15 千克作膨大肥。清明至谷雨期间适时采收。③棉花。基肥以有机肥为主，配合施用高浓度复合肥 25 千克。花铃肥分两次施用，第一次在 7 月上旬每亩复合肥 25 克、碳铵 25 克，第二次在 7 月 25 日左右，每亩施尿素 10 千克。8 月 10 日打顶，每亩施用尿素 10 千克作盖顶肥。做好选留叶枝、适时化调、抗旱排涝等工作，注意防治盲蝽象、蚜虫、棉铃虫（三四代）、红蜘蛛、斜纹夜蛾、烟粉虱等害虫。

（六）蚕豆收获

蚕豆植株上下部位的豆荚成熟不一致，生产上宜在叶片凋落、中下部豆荚充分成熟、荚色变为黑褐色时收获。

鲜食用蚕豆的收获，应根据市场行情和收购标准进行，以最大限度提高产值。生产上，当豆荚饱满、豆粒充实、子粒皮色呈淡绿、种脐尚未转黑为最佳采收期。用于出口的，宜在最佳采收期前端采摘；当天采收当天加工用于内销市场的，多在最佳收期后端采摘。早播的可分 2 次采摘，以抢先上市。采摘后将荚果阴凉薄堆保鲜，防止高温闷堆变质。

三、荞麦高产高效栽培

荞麦系蓼科荞麦属植物，又名乌麦、花麦、三角麦、荞子，我国也是荞麦起源地之一。荞麦营养丰富，是深受居民欢迎的杂粮之一。据分析，每 100 克荞麦面粉中，含有蛋白质 12.8 克、脂肪 3.1 克、碳水化合物 68.4 克、钙 49 毫克、磷 287 毫克、铁 1.4 毫克，荞麦粉中的维生素 B_1 和维生素 B_2 比小麦粉多 3～4 倍，赖氨酸和精氨酸的含量比大米、小麦粉丰富。荞麦面粉可加工成多种具有特色风味的小吃，深受消费者欢迎。荞麦子实是糖果点心工业的原料。茎叶及子实加工时的废弃物（皮壳、麸皮）含有较多的蛋白质和脂肪，是良好的饲料。壳中含有 30%～40% 的氧化钾，除用作肥料外，还可用于生产碳酸钾。荞麦药用价值很高，属于保健作物。其幼苗、花、叶中含有芦丁（甘糖化合物），能治疗高血压病和微血管出血，防止中风。苦荞麦的根苦寒，有解毒消肿、活血散瘀、止痛之功效。籽粒可用于治疗肺炎、咽喉肿痛、乳腺炎、关节疼痛、淋巴结核，以及跌打损伤等症。荞麦抗旱、耐瘠、适应性强，且生育期短，是新垦地或贫瘠地的先锋作物，也是灾后的补救作物和填闲作物。荞麦茎叶柔软多汁，易于腐烂，可用作绿肥。此外，荞麦还是重要的蜜源作物。

（一）荞麦的栽培特性

1. 荞麦的形态特征

（1）根　圆锥根系。胚根是荞麦种子胚中的幼根。定根包括主根和侧根。主根较粗大，垂直向下生长，其上长有侧根和毛根。主根入土 30～50 厘米，吸肥力较强，特别是对磷、钾的吸收能力很强，因此很适于在新垦地和瘠薄地栽培。

（2）茎　茎中空直立，茎粗一般 4～6 毫米，高 60～150 厘米，最高可达 300 厘米，茎为圆形，稍有棱角，下部不分蘖，多分枝，光滑，淡绿色或红褐色，有时有稀疏的乳头状突起，有些多年生野生种的基部分枝呈匍匐状。茎幼嫩时实心，成熟时呈空腔。茎有膨大的节，节数因种或品种的不同而不同，为 10～30 个不等。茎色有绿色、紫红色或红色。茎可形成分枝，因种、品种、生长环境、营养状况而数量不等，通常为 2～10 个。多年生种有肥大的球块状或根茎状的茎。荞麦易发生倒伏，倒伏后植株茎生长出气生根，且难于恢复，从而形成一面花，导致产量降低。

（3）叶　叶片呈圆肾形，具掌状网脉，叶柄细长。真叶分叶长、叶柄和托叶鞘 3 个部分。单叶，互生，三角形、卵状三角形、戟形或线形，全缘，掌状网脉。苦荞子叶较小，绿色；甜荞子叶较大，褐红色，叶面光滑无毛，通常为绿色。托叶鞘膜质，鞘状，包茎。叶片大小与品种、生长条件有密切关系，一年生品种一般长 6～10 厘米，宽 3.5～6 厘米，中下部叶叶柄较长，上部叶叶柄渐短，至顶部则几乎无叶柄。

（4）花　花朵密集成簇，直立或下垂，每簇有 1～3 个花序，每个花序由 25～30 朵花组成，单株花量 2 000～3 000 朵。花为两性花，由花萼、雄蕊和雌蕊组成。花为有限和无限的混生花序，顶生和腋生。簇状的螺旋状聚伞花序，呈总状、圆锥状或伞房状，着生于花序轴或分枝的花序轴上。单被、花冠状，常为 5 牧，只基部联合，绿色、黄绿色、白色、玫瑰色、红色、紫红色等。雄蕊不外伸或稍外露，常为 8 枚，成 2 轮，内轮 3 枚，外轮 5 枚。雌蕊 1 枚，3 心皮联合，子房上位，1 室，具 3 个花柱，柱头头状。蜜腺常为 8 个，发达或退化。苦荞花较小，无蜜腺，无香味，白色或淡绿色，花朵着生比较稀疏，自花、异花均可授粉结实。甜荞花较大，有香味，花朵密集，属异花授粉作物，基部蜜腺发达，引诱昆虫传粉。

（5）果实与种子 果实为干果，卵形，黄褐色，光滑，长4.2～7.2毫米，宽3.0～7.1毫米，先端渐尖，果皮革质。果实大部分为三棱形，少有二或多棱不规则形，形态有三角形、长卵圆形等，基部有5裂宿存花被。果实的棱间纵沟有或无，果皮光滑或粗糙，颜色的变化，翅或刺的有无，是鉴别种和品种的主要特征。果皮之内是种子，具对生子叶。种子大小决定于品种和生长条件。江苏省栽培的荞麦籽粒千粒重通常为18～25克。

2. 荞麦适宜生长的环境

（1）温度 喜温作物，荞麦耐寒能力弱，怕霜冻。当气温低于-1℃时，会造成花的死亡和植株叶片的轻度受害；低于-2℃时，叶、花死亡，成长植株的茎和幼苗子叶严重受害；低于-3℃时，幼苗明显受害；在-5℃时，植株全部死亡。适宜生长发育的温度为14～30℃。生育期要求10℃以上的有效积温1 100～2 100℃。荞麦种子发芽的最低温度为8℃，经13天左右能够发芽，但发芽不整齐；在14～15℃，土壤水分充足时，7～8天即出苗；在25～30℃，播后4天即可出苗；在36～38℃时，种子经24～48小时就能发芽出苗。荞麦发芽的最适温度为15～20℃，播后5～6天就能整齐出苗。生育阶段最适宜的温度是18～22℃。在开花结实期间，凉爽的气候和比较湿润的空气有利于产量的提高。当温度低于13℃或高于25℃时，植株的生育受到明显抑制。因此，栽培荞麦的关键措施之一就是根据当地积温情况掌握适宜的播种期，使荞麦生育期处在温暖的气候条件下，开花结实期处在凉爽的气候环境中，保证在霜前成熟。

（2）光照 短日照作物，荞麦对日照要求不太严格。有资料显示，在极长光照（24 小时）或极短光照（6 小时）下，荞麦均能够开花结实。苦荞对日照要求不严，在长日照和短日照条件下都能生育并形成果实，但甜荞对日照反应敏感些。同一品种春播开花迟，生育期长；夏播、秋播开花早，生育期短。从出苗到开花的生育前期，宜在长日照条件下生育；从开花至成熟的生育后期，宜在短日照条件下生育。长日照促进植株营养生长，短日照促进生育。荞麦是喜光作物，对光照强度的反应比较敏感。幼苗期光照不足，植株瘦弱；若开花、结实期光照不足，则引起花果脱落，结实率低，产量下降。

（3）水分　荞麦是喜湿作物，但又不耐渍，每形成 1 千克干物质，耗水 500～580 千克，一生中每亩需水 380～420 立方米，接近或高于其他禾谷类作物。荞麦的耗水量在各个生育阶段是不同的，种子发芽耗用水分为种子重量的 40%～50%，水分不足会影响发芽和出苗；现蕾后植株体积增大，耗水剧增；从开始结实到成熟耗水约占荞麦整个生育阶段耗水量的 89%。荞麦的需水临界期是在出苗后 17～25 天的花粉母细胞四分体形成期，如果在开花期间遇到干旱、高温则影响授粉，花蜜分泌量也少。当空气湿度低于 40% 而有热风时，会引起植株萎蔫，花、子房及形成的果实会脱落。荞麦在多雾、阴雨连绵的气候条件下，授粉结实会受到影响。

（4）肥料　荞麦需肥较多，每生产 100 千克籽实，消耗氮 3.3 千克、磷 1.5 千克、钾 4.3 千克。增施磷、钾肥对提高荞麦产量有显著效果。氮肥过多，营养生长旺盛，后期容易发生倒伏。

（5）土壤　荞麦对土壤的选择不太严格，只要气候适宜，任何土壤包括不适于其他禾本科作物生长的瘠薄、带酸性或新垦地都可以种植，但以排水良好的沙质土壤为最适合，酸性较重的和碱性较重的土壤改良后可以种植。

（二）荞麦的类型和品种

1. 荞麦的类型

目前，一般认为荞麦共有 15 个种和 2 个变种，其中在我国就有 10 个种和 2 个变种。栽培荞麦有 4 个种，甜荞、苦荞、翅荞和米荞，但生产上栽培的荞麦主要有 2 种：一是甜荞（普通荞麦），为我国广泛种植的类型，花呈白色或粉红色，异花授粉，籽粒呈三棱形，黑色或黑灰色，品质较好。二是苦荞（鞑靼荞麦），我国西南地区种植较多，耐寒性强，花朵红色，自花授粉，籽粒较小，表面有 3 条腹沟，略有苦味，在国外视为野生植物，也有作饲料用的，只有我国有栽培和食用习惯。

2. 主要品种

（1）泰兴荞麦　江苏省泰州市旱地作物研究所从地方荞麦品种中系统育种而成，为江苏省荞麦主推品种。全生育期 70 ~ 75 天。平均亩产 100 千克左右，株高 97 厘米，主茎分枝 4.8 个，主茎节数 12.2 节，千粒重 18 克。籽粒褐色，较抗倒伏、抗旱、耐贫瘠，抗病，适应性强。

（2）如皋甜荞　江苏省如皋农家品种。株高约 95 厘米，主茎 10 ~ 11 节，主茎分枝 4 ~ 5 个，成熟期红茎到顶，叶片心脏状，花白色，种子呈三角形，浅褐色，千粒重 20 克左右，单株粒重在 1.25 克左或。长江下游沿江等地种植，常年在 8 月中下旬播种，11 月上旬收获，全生育期 70 ~ 80 天。平均亩产 100 千克左右。

（3）威宁白花　由贵州省威宁县农科所从地方荞麦品种中单株选择培育而成，在江苏省可作搭配种植品种。全生育期 65 ~ 70 天。平均亩产 95 千克左右，株高 95 厘米，主茎分枝 4.6 个。主茎节数 11.0 节，千粒重 27 克。籽粒褐色，较抗倒伏、抗旱、耐贫瘠，抗病，适应性强。

（4）榆荞4号　由陕西省榆林农业学校从近交系矮A×恢3中选育而成，为江苏省荞麦主推品种。全生育期60～65天。平均亩产85～120千克，株高85厘米，主茎分枝3.1个，主茎节数9.6节，千粒重32克。籽粒褐色，抗倒伏、抗旱、耐贫瘠，抗病，适应性较强。

（5）定甜2号　由甘肃省定西市农业科学研究院（原定西市旱作农业科研推广中心）从日本大粒荞中混合选育而成，为江苏省荞麦搭配种植品种。全生育期60～65天。平均亩产80～105千克，株高83厘米，主茎分枝3.3个，主茎节数9.8节，千粒重28克。籽粒褐色，抗倒伏、抗旱、耐贫瘠，抗病，适应性较强。

（6）丰甜1号　由贵州师范大学从德国品种SOBANO与贵州荞麦的杂交后代选育而成，为江苏省荞麦搭配种植品种。全生育期60～65天。平均亩产80～110千克，株高91厘米.主茎分枝3.6个，主茎节数10.6节，千粒重30克。籽粒褐色，抗倒伏、抗旱、耐贫瘠，抗病，适应性较强。

（7）日本信州四倍体大荞麦　由日本引进。江苏省沿江等地种植，全生育期85～90天，平均单株实粒271.5粒、千粒重53克，平均亩产150～200千克，高产田可达250千克左右。据测定，信州四倍体荞麦的品质优良，平均出粉率75.8%、蛋白质含量12.61%、脂肪含量2.98%。

（8）榆荞2号　陕西省榆林市农业科学研究所选育而成。生育期85天左右，株高80～90厘米，粉红花，粒棕灰色，千粒重32克左右。

（9）甘荞2号　甘肃省平凉地区农业科学研究所育成。生育期70～90天，株高75～86厘米，叶淡绿色，白花，抗倒伏，籽粒褐色，千粒重31克左右。

（三）荞麦优质高产栽培

1. 选茬整地

（1）选茬　荞麦对茬口的要求不严格，无论是什么茬口上都可以生长，但不宜连作。生产上要获得较高产量，最好选择豆类、花生、马铃薯等茬口，其次是玉米、小麦、菜地茬口。

（2）深耕整地　荞麦播种前进行深耕，是荞麦稳产高产的一项重要措施。优质高产荞麦生产中，应选择有机质丰富、土壤结构良好、养分充足、保水能力强、通气性好的土壤。荞麦子叶大、幼苗顶土能力强，根系发育弱，要求精细整地，以耕深25~30厘米效果最佳。整地质量差，易造成缺苗断垄，影响产量。精细整地是实现荞麦全苗的重要措施。前茬收获后，应及时浅耕灭茬，然后深耕。如果时间允许，深耕最好在地中的杂草出土后进行。荞麦根系发育要求土壤有良好的结构、一定的空隙度，以利于水分、养分和空气的贮存及微生物的繁殖。重黏土或黏土结构紧密、通气性差、排水不良，遇雨或灌溉时土壤微粒急剧膨胀，水分不能下渗，气体不能交换，一旦水分蒸发，土壤又迅速干涸，易板结形成坚硬的表层，不利于荞麦出苗和根系发育；沙质土壤结构松散，保肥保水能力差，养分含量低，也不利于荞麦生育；壤土有较强的保肥保水能力，排水良好，含磷、钾较高，适宜荞麦的良好生长，增产潜力较大。荞麦对酸性土壤有较强的忍耐力，碱性较强的土壤，荞麦生长受到抑制，经改良后方可种植。荞麦喜湿润，但忌过湿与积水，在多雨季节及地势低洼易积水的地方，应作畦开深沟排水降渍。

2. 播种

（1）适时播种　荞麦怕酷暑、畏霜冻，适时播种是获得高产的关键措施，它可以使荞麦生长处于最佳的生育环境，获得稳产、高产。我国地域辽阔，各地自然条件、种植制度差异较大。

从全国范围看，我国荞麦一年四季都有播种，北方旱作区及一年一作的高寒山地多春播；黄河流域冬麦区多夏播；长江以南及沿海的华中、华南地区多秋播；亚热带地区多冬播；西南高原地区多春播或秋播。荞麦播种期遵循的基本原则是"春荞霜后种，开花结实期避开高温，秋荞霜前收"，各产区的具体适宜播期应根据品种的熟性（生育期）、当地的无霜期及 >10℃ 的有效积温数，使荞麦的盛花期避开当地的高温（ >26℃）期，同时保证霜前成熟为基本原则。在江苏等地，春荞最佳播期为春分至清明早播，开花期避开高温，否则会导致花药发育不正常、结实率低、种子发育不良，甚至败空瘪；秋荞最佳播期在立秋至处署之间，最迟在 8 月底，力争霜冻之前收获。

（2）种子处理　荞麦陈种子的发芽率每隔 1 年平均递减 30% 以上，种皮颜色越暗，发芽率越低。荞麦收获时，一般种子中有 20% ~40% 的未完全成熟，成熟不完的种子发芽率低，如果作留种用应清理未成熟种子。生产上，播种应尽量选用籽粒饱满的新种子，并做好种子处理。①晒种。晒种能提高种子的发芽势和发芽率，晒种可改善种皮的透气性和透水性，促进种子成熟，提高酶的活力，增强种子的生活力和发芽力。晒种还可借助阳光中的紫外线杀死一部分附着于种子表面的病菌，减轻某些病害的发生。晒种以选择播种前 7 ~10 天的晴朗天气，将荞麦种子薄薄地摊在向阳干燥的地上或席上，晒种时间应根据气温的高低而定，气温较高时晒一天即可。②选种。选种的目的是剔除空粒、破粒、草籽和杂质，选用大而饱满、整齐一致的种子，提高种子的发芽率和发芽势。大而饱满的种子含养分多，生命力强，生根快，出苗快，幼苗健壮。荞麦选种方法有风选、水选、筛选、机选和粒选等。利用种子清选机同时清选几个品种时，一定要注意清理清选机，防止种子的机械混杂。③浸种。生产实践中，用 35 ~40℃ 温水浸 10 ~15 分钟，能消除种子休眠，提高发芽率。

播种前，用微量元素如钼酸铵（0.005%）、高锰酸钾（0.1%）、硼砂（0.03%）、硫酸镁（0.05%）、溴化钾（3%）浸种，具有促进荞麦幼苗生长、增加产量等作用。种子经过浸种、闷种，要摊在地上晾干。④药剂拌种。药剂拌种是防治地下害虫和病害极其有效的措施。药剂拌种是在晒种和选种之后进行，也可用杀菌剂和杀虫剂同时拌种。拌种方法，是先用少量水将种子表面喷湿润后加入适量农药粉剂，均匀混合，即可将农药黏附于种子表面，也可取适量农药用水稀释后均匀喷于种子表面，拌匀后堆放3~4小时再摊开晾干。

（3）播种方式　生产上，主要有撒播、条播等。撒播是生产上农民普遍采用的方式，其优点是节工省本，劳动强度较小，播种效率较高。缺点是密度难以有效控制，播种量大，撒籽不匀且浅，易遭鸟雀危害，出苗不整齐，通风透光不良，田间管理不便，因而产量难以有效提高。条播的优点是播种均匀度高，深浅易于掌握，抗倒伏，植株田间分布均匀，个体和群体生长协调，便于中耕除草和追肥等田间作业，有利于提高产量。荞麦条播时，通常播幅13~17厘米、空幅17~20厘米，以南北向为好。

（4）播种量　一般而言，荞麦每亩适宜播种量小粒品种为2~3千克，大粒品种为3~4千克。与秋荞相比，春荞播种量应适当增加。生产上，适当加大播种量以提高密度，往往可以有效地抑制杂草。江苏等地，春荞的适宜密度为每亩8万~12万株，秋荞为每亩4万~8万株。

（5）播种深度　荞麦的子叶出土，播种过深难以出苗，播种太浅又容易风干，把握好适宜播深是确保全苗的关键。通常情况下，播种深度以3~4厘米为宜，沙质土和干旱地区可稍微深些，但不宜超过6厘米。播种深度的确定应从以下几方面综合考虑：一是根据土壤水分，土壤水分充足时宜浅，土壤水分欠缺时宜深；二是根据播种季节，春荞宜深些，夏荞稍浅些；三是根据土质，沙质土和旱地可适当深一些，黏土地则要稍浅些；四是根据播种地区，在干旱风多地区，要重视播后覆土地，还要视墒情适当镇压，在土质黏重遇雨后易板结地区，播后遇雨，可用耙破板结；五是根据品种类型，不同品种的顶土能力有所差异，顶土能力差的宜浅播。

3. 肥料管理

荞麦施肥应做到基肥为主、追肥为辅，有机肥为主、无机肥为辅。

基肥是荞麦的主要肥料，一般应占总施肥量的 50% ~ 60%，通常情况下，在播种前结合深耕整地每亩施入腐熟有机肥 500 ~ 1 500 千克和过磷酸钙 10 千克左右作基肥。

荞麦生育阶段不同，对营养元素的吸收积累也不同。现蕾开花后，需要大量的营养元素，此时补充一定数量的营养元素，有利于荞麦的茎叶生长、花蕾分化发育和籽粒形成。正常情况下，苗期每亩追施尿素 2.5 千克左右，开花期每亩追施硫酸钾 7.5 千克左右。此外，用硼、锰、锌、钼、铜等微量元素肥料作根外追肥，也有增产效果。荞麦的生育期很短，从节省用工的角度考虑，可采取一次性基施配方肥方法，即每亩施用含硫的高浓度复合肥（氮、磷、钾有效养分含量≥45%）10 ~ 20 千克作基肥。

肥料施用时需要注意：一是氮素过多时会引起徒长，造成倒伏，尤其是生长在水分充足的土壤上，应适当控制或者不施用氮肥；二是荞麦为忌氯作物，施用的钾肥一般不用氯化钾，氯离子常引起叶斑病的发生。

4. 水分管理

荞麦是典型的旱地作物，但在生长发育过程中的抗旱能力较弱，其需水较多，尤以开花灌浆期为最多。播种期如果干旱缺水，应在播种前灌溉。在不是太干旱情况下，可于播种前通过浸种处理，使种子吸足水分后再播种、盖种，这样容易齐苗。幼苗期的土壤持水量保持在 70% 左右，有利于植株生长。开花结实期，要求田间持水量不能低于 80%。干旱时应及时灌水，田间灌溉方式以畦灌或沟灌为宜。

5. 中耕除草

播种时，遇到干旱时要及时镇压，以促进种子发芽出苗。播种后遇有大雨或土壤含水量较高情况下，容易造成地表板结，导致缺苗断垄，因而要注意破除地表板结，在下雨之后地表稍干时，要及时浅耙（以不损伤幼苗为度）。多雨情况下，要做好田间的排水工作。

中耕除草是保证荞麦高产的一项重要措施。第 1 次中耕，在幼苗第 1 片真叶展开后结合间苗疏苗进行；第 1 次中耕后 10 ~ 15 天，根据气候、土壤和田间杂草情况，再进行第 2 次中耕。土壤湿度大、杂草又多的荞麦地，可再次中耕除草。荞麦封垄前，结合追肥培土进行最后 1 次中耕，中耕深度 3 ~ 5 厘米。中耕除草的同时，进行疏苗和间苗，去掉弱苗、多余苗，减少幼苗的拥挤，提高植株的整齐度和田间均匀度。

6. 防止倒伏

农谚"荞倒一半收"。荞麦的倒伏是导致荞麦产量低而不稳的主要原因之一，荞麦倒伏主要是由于基部节间的细长所致。有试验表明，叶面喷施多效唑等植物生长延缓剂能够对植株生长起有效的调控作用。例如：苗期叶面喷施 200 ~ 250 毫克/千克的多效唑，能够降低株高，加粗茎秆，显著提高株粒数和株粒重；现苗期叶面喷施 200 毫克/千克的多效唑，具有显著的增产效果。此外，在现蕾始花前，株高 20 ~ 25 厘米时进行培土，能促进根系生长，减轻后期倒伏。

7. 辅助授粉

甜荞是异花授粉作物，又为两性花，结实率只有 10% ~ 15%，结实率低是低产的主要因素，提高甜荞结实率的方法是创造授粉条件。甜荞是虫媒花作物，蜜蜂、昆虫能提高甜荞授粉结实率。据内蒙古农业科学院的研究，在相同条件下昆虫传粉能使单株粒数增加37.84%~81.98%，产量增加83.3%~205.6%。故在荞麦田养蜂、放蜂，既是提高荞麦结实率、株粒数、粒重及产量的重要措施，又利于养蜂业的发展，有条件的地方应大力提倡。蜜蜂辅助授粉在盛花期进行，开花前2~3天，每亩荞麦田安放蜜蜂1~3箱。

没有蜂源的地方可以采用人工辅助授粉。具体做法：在盛花期选晴天上午9~11时、下午4~6时，用长20~25米的绳子，系一条狭窄的麻布，两人拉着绳子的两头，沿地的两边从这头走到那头，来回行走时让麻布接触荞麦的花部，使其摇晃抖动，每2~3天授粉一次，共授粉2~3次，能明显提高产量。人工辅助授粉也可采用长棒赶花的方法。辅助授粉要避免损坏花器，因而不宜露水大、雨天或清晨雄蕊未开放前或傍晚等情况下进行。

（四）荞麦主要病虫害防治

1. 荞麦病害

为害荞麦的病害主要有荞麦立枯病、荞麦轮纹病、荞麦褐斑病、荞麦霜霉病、荞麦病毒病和荞麦白霉病等。

（1）荞麦立枯病　俗称腰折病，是荞麦苗期的主要病害。一般在间苗后半个月左右发生，有时也在种子萌发出土时就发病，常造成烂种、烂芽、缺苗断垄。受害的种芽变黄褐色腐烂。荞麦幼苗容易感染此病，病苗茎基部出现赤褐色病斑，严重时扩展到茎的四周，幼苗萎蔫枯死。子叶受害后出现不规则的黄褐色病斑，而后病部破裂脱落穿孔，边缘残缺。

防治措施：①深耕轮作。秋收后，及时清除病残体并进行深耕，可将土壤表面的病菌埋入深土层内，减少病菌侵染。合理轮作，适时播种，精耕细作，促进幼苗生长健壮，增强抗病能力。

②药剂拌种。用50%多菌灵可湿性粉剂250克，拌种50千克，效果较好。③喷药防治。幼苗在低温多雨情况下发病较重，因此苗期喷药是防病的有效措施。可用65%代森锌可湿性粉剂500～600倍液，或用复方多菌灵胶悬剂或甲基托布津800～1 000倍液等喷施。

（2）荞麦轮纹病　主要侵害荞麦叶片和茎秆。叶片上产生暗淡褐色病斑，病斑呈圆锥或近圆形，直径2～10毫米，有同心轮纹，病斑中间有黑色小点，即病菌的分生孢子器。茎秆受害后，病斑呈梭形、椭圆形、红褐色。植株死后变为黑色，上生黑褐色小斑。受害严重时，常造成叶片早期脱落，减产很大。

防治措施：①清洁田园。收获后将病残体及其枝叶收集烧毁，以减少越冬菌源。②加强田间管理。采用早中耕、早疏苗、破除土壤板结等有利于植株健康生长的措施，增强植株的抗病能力。③温汤浸种。先将种子在冷水中预浸数小时，再在50℃温水中浸泡5分钟，捞出后晾干播种。④喷药防治。发病初期，用65%代森锌可湿性粉剂600倍液或用40%多菌灵胶悬剂500～800倍液喷施，防止病害蔓延。

（3）荞麦褐斑病　发病植株，最初在叶面发生圆形或椭圆形病斑，直径2～5毫米，外围呈红褐色，有明显边缘，中间因产生分生孢子而变为灰色，病叶渐渐变褐色枯死脱落。荞麦受害后，随植株生长而逐渐加重，开花前即可见到症状，开花和开花后发病加重，严重时叶片枯死，造成较大损失。

防治措施：①加强田间管理。清除田间残枝落叶和带病菌的植株，减少越冬菌源。实现轮作倒茬，减少植株发病率，加强苗期管理，促进幼苗发育健壮，增强其抗病能力。②药剂拌种。采用复方多菌灵胶悬剂，按种子重的0.3%～0.5%进行拌种，有预防作用。③喷药防治。田间发现病株时，可用40%多菌灵胶悬剂、或用65%代森锌可湿性粉剂500～800倍液喷洒植株，可预防未发病的植株受侵染,并可减轻发病植株的继续扩散危害。

(4)荞麦霜霉病 受害的叶片正面可见到失绿病斑,其边缘界限多明显。病斑的背面产生淡淡白色的霜状霉层,即病原菌的孢囊梗与孢子囊。叶片从下向上发病。该病侵染幼苗及花蕾期与开花期的叶片为主,受害严重时,叶片卷曲枯黄,最后枯死,导致叶片脱落,影响荞麦的产量。

防治措施:①减少病源。收获后,清除田间的病残植株,深翻土地,将枯枝落叶等带病残体翻入深土层内,减少次年的侵染源。②加强田间管理。进行轮作倒茬,加强田间苗期管理,促进植株生长健壮,提高自身的抗病能力。③药剂防治。可用 70% 敌克松粉剂进行拌种,用量为种子量的 0.5%。植株发病初期,可用瑞毒霉 800～1 000 倍液、或用 65% 代森锌 600～800 倍液、或 75% 百菌清可湿性粉剂 700～800 倍液喷施。

(5)荞麦病毒病 大气干燥、蚜虫大发生的年份容易发生。染病植株明显比正常植株矮化,叶片皱缩、卷曲,叶边缘不整齐,叶面积缩小近 1/3。

防治措施:①防治蚜虫。用杀虫灵 500 倍液等喷施防治蚜虫,做到早发现、早防治。②加强田间管理。进行叶面喷肥,增强植株抗病性,缓解和减轻病毒的危害。③药剂防治。用病毒灵 300 倍液等喷施,以防治病毒病在相邻叶片上和植株间的摩擦感染。

(6)荞麦白霉病 荞麦白霉病发病后,叶片上呈现黄色、淡绿色的斑驳,无明显边缘,背面是白色霉状物,即病原子实体。

防治措施:①清洁田间。实行深耕,把地面带病的植株落叶翻入土中,减少病菌存活数量。②加强田间管理。合理轮作,适时播种,精耕细作,培育壮苗。早中耕,深中耕,不使土壤板结,促进幼苗齐苗早发。③喷药防治。苗期可用 65% 代森锌可湿性粉剂 500～600 倍液喷施。

2. 荞麦虫害

为害荞麦的主要害虫有黏虫、草地螟和钩刺蛾等。

（1）黏虫　黏虫俗称五花虫，是危害荞麦、豆类和禾谷类等作物的暴食性害虫。成虫具有远距离迁飞的特性，随着季节的变化南北往返迁飞危害。在北纬32度以北、冬季平均气温低于0℃的日数在30天以上的地区，黏虫一般难以越冬。外地迁飞的虫源是造成大发生的原因，这时期的虫态表现得很不整齐。黏虫一年发生多代，第1代黏虫能严重危害春播荞麦，第2代黏虫能严重危害夏播荞麦，而第3代黏虫则严重危害秋播荞麦。成虫昼伏夜出，在无风晴朗的夜晚活动较盛，趋光性很弱，对糖醋酒味及其他发酵物有强烈的趋性。卵喜产在枯黄叶尖上，卵圆形，中间带有弧形皱纹，乳白色，每几十至二三百粒成行或重叠排列成块。幼虫有6龄，先群集后吐丝随风分散，有受惊卷缩装死的假死性，1、2龄幼虫啃食叶肉，3龄前食量少，抗药力弱，是防治的有利时机，到5、6龄时进入暴食期，可将作物吃成光秆。幼虫也昼伏夜出，阴雨天整天出来取食危害。

防治措施：根据测报情况，在田间采摘卵块，搜集烧埋枯心苗、枯黄叶。在幼虫发生密度大时，于上午9时前和下午16时后，将幼虫震落在容器或地上，把虫打死。

（2）草地螟　草地螟除危害荞麦叶、花和果实外，还危害豆类、马铃薯、甜菜及谷子等多种作物。据山西省忻州市观察，一年发生3代，以幼虫和蛹越冬，第3代幼虫危害最重。成虫长12～13毫米，深褐色，有趋光性，飞翔能力较弱，黄昏旱有结群迁飞习性，寿命5～7天。卵扁圆形，乳白色有贝壳光泽，散产或单产。幼虫黑绿或墨绿色，体长20～25毫米，计5龄，2～3龄时稍触动则弹跳，卷扭后退，能吐丝悬垂，4龄后活动剧烈，每分钟行走25～30厘米。幼虫有群集暴食习性，通常在叶间结网潜居，嚼食叶肉，残留表皮，为时约15天，老熟幼虫入土作茧成蛹越冬。

防治措施：可用网捕和灯光诱杀，即在成虫羽化到产卵 2 ~ 12 天空隙时间，采用拉网捕杀；或利用成虫趋光性，黄昏后有结群迁飞的习性，采用灯光诱杀，效果较好。

（3）钩刺蛾　钩刺蛾是仅为害荞麦叶、花、果实的专食性害虫，转寄主是牛耳大黄。据各地观察，约一年发生 1 代，以蛹越冬。成虫长 10 ~ 13 毫米，有趋光性、趋绿性，白天栖息于草丛中、树林里，遇惊扰则低飞，飞翔力不强，寿命为 7 ~ 10 天。卵椭圆形，产于叶背，珍珠白色，散产，一叶一块，每块 60 ~ 120 粒，卵期 4 ~ 10 天。初孵幼虫群集害叶，2 ~ 3 龄后有假死性，能吐丝下垂，分散危害，高龄幼虫则爬行或折叶苞取食。幼苗历时 59 ~ 60 天，蛹期 7 个月，分散于土中 15 厘米处。

防治措施：利用幼虫假死性和趋光性，实行灯光诱捕和人工捕杀，可以减轻钩刺蛾的危害。

（五）荞麦集约种植生产实例

1. 花生 + 玉米/荞麦/青菜

长江下游沿江高沙土等地应用该模式，实现了旱地多元多熟集约化种植，有效地提高了耕地产出率。

（1）茬口配置　花生于 3 月中旬播种，畦宽 3 米，播种 6 行花生，宽窄行种植，宽行行距 50 厘米、窄行行距 20 厘米，株距 25 厘米，每穴播种 2 ~ 3 粒，化学除草后覆盖地膜。同期跨墒各播 1 行玉米，距花生行 45 ~ 50 厘米，株距 10 ~ 15 厘米。7 月上中旬花生收青后播种荞麦，玉米收获后播栽冬菜。

（2）品种选用　①花生。选用早熟品种。②玉米。选用优质高产品种，如"苏玉 29"、"苏玉 30"等。③荞麦。选用分枝多、千粒重高、增产潜力大的品种，如"日本信州四倍体大荞麦"。④青菜。选用叶片肥厚、叶柄扁短的品种，如"苏州青"等。

（3）培管要点　①花生。播种前精选种子，晒种 2～3 天，以提高种子的生活力。每亩施用 25% 复合肥 15～20 千克作基肥，播种后化学除草，喷施除草剂进行土壤封闭后覆膜。初花期每亩追施尿素 5 千克，花生初花期和盛花期可视长势进行化调化控，及时防控红蜘蛛。花生果粒饱满时及时采摘鲜荚上市。②玉米。每亩施 25% 复合肥 30 千克、腐熟人畜粪 2 000 千克作基肥，每亩播种 3 千克，播后覆盖地膜。玉米出苗后及时间苗、定苗，5 月上旬每亩施用腐熟人畜粪 500～750 千克作拔节肥，6 月上旬于玉米大喇叭口期每亩施用腐熟粪肥 2500 千克、碳铵 40 千克作穗肥。及时防控玉米螟。③荞麦。花生收获后深耕 20 厘米并整地，清沟理墒，每亩施用过磷酸钙 20 千克、硫酸钾 10 千克作基肥。每亩播种量 2～3 千克。根据植株长势进行追肥，通常在苗期和花穗肥分别施用尿素 2～3 千克。注意防治病虫害。④青菜。玉米收获后，及时耕翻，每亩施用腐熟粪肥 2 500 千克作基肥。及时移栽青菜，田间管理中要勤治虫防病。

2. 蚕豆－玉米/胡萝卜—荞麦

长江下游沿江高沙土等地应用该模式，每亩可产蚕豆青荚 1 500 千克、胡萝卜缨 200 千克、玉米 500 千克、荞麦 150 千克。

（1）茬口配置　畦宽 3.33 米，秋播时每畦按 55 厘米行距播种 6 行蚕豆，株距 10 厘米。翌年 5 月上旬蚕豆采收青荚，蚕豆收获后播种玉米，玉米采用宽窄行方式种植，宽行行距 90 厘米、窄行行距 33 厘米，每畦种植 6 行，株距 22 厘米。同时在玉米宽行内套播胡萝卜，采收胡萝卜缨。玉米收获后于 8 月初之前播种荞麦。

（2）品种选用　①蚕豆。选用大粒型品种。②玉米。选用优质高产品种，如"苏玉 29""苏玉 30"等。③胡萝卜。选用茎叶生长量大、生长速度快、食口性好的胡萝卜品种。④荞麦。

选用"甘荞 2 号""榆荞 2 号"和"日本信州四倍体大荞麦"等品种。

（3）培管要点 ①蚕豆。每亩施过磷酸钙 40～50 千克作基肥，12 月中旬壅根防冻，春节前后去除枯茎，初花期去除无效分枝，盛花期打顶。3 月下旬至 4 月初每亩施尿素 7.5 千克作花荚肥。及时防治蚕豆赤斑病和蚜虫。②玉米。每亩施用腐熟有机肥 3 000 千克、25% 复合肥 40 千克作基肥，播前用药防治地下害虫。播种后覆盖地膜。6 片真叶展开时追施拔节肥，见展叶差为 5 时重施穗肥。及时防控玉米螟。③胡萝卜。播种前晒种 1～2 天，搓去刺毛，簸净备播。播前施足腐熟有机肥，耕翻碎垡，精细整地，均匀撒播后轻轻耙平，用脚踩压 1 遍。播后遇旱应浇水促出苗，出苗后结合浇水，每 7 天左右追施 1 次无渣的稀粪水，促进生长，当苗高 20 厘米左右、5～6 片真叶时逐步间大苗上市，留下的小苗继续追施肥水促进生长。④荞麦。播前耕翻晒垡，精细整地，每亩施尿素 5 千克或 25% 复合肥作基肥。可条播、点播和撒播，条播行距以 33 厘米左右为宜，覆土厚 3 厘米，每亩播种量 2～3 千克。播种后如遇降雨，地块发生板结，需浅中耕 1 次，划破地皮助苗出土，以后根据田间杂草发生情况进行 1～2 次浅中耕，苗高 30 厘米前要完成中耕除草，以免苗大损伤植株。苗期每亩追施尿素 1 千克，盛花期追施 25% 复合肥 20 千克。注意氮素肥料施用不宜过多过晚，以免引起开花延迟和后期倒伏。荞麦开花结实期对水分反应敏感，干旱时必须浇水，若雨水过多则要及时排水降渍，以免烂根。

3. 豌豆/大豆—荞麦

长江下游沿江高沙土等地应用该模式，豌豆选用食荚豌豆，每亩可产豌豆青荚 750 千克、大豆 150 千克、荞麦 100 千克。

（1）茬口配置 豌豆 11 月 5 日播种，宽窄行种植，宽行行距 85～90 厘米、窄行行距 65～70 厘米，穴距 25～30 厘米，每穴3~4粒。豌豆于翌年5月20日前采摘结束。大豆在豌豆离田10~15天进行套种，穴播，行距35~40厘米，穴距15~20厘米，每穴播种2~3粒。荞麦在立秋至处署之间播种，条播，10月下旬至11月上旬收获。

（2）品种选用 ①豌豆。选用适应性广、抗病能力强的品种，如"奇珍76"等。②大豆。选用早熟高产品种。③荞麦。选用"平荞2号""榆荞2号"等。

（3）培管要点 ①豌豆。播前结合耕翻，每亩施腐熟有机肥3 000~4 000千克、45%复合肥15千克作基肥。整地后按规格播种，播深4~6厘米。当株高25~30厘米时，用芦竹或青竹及时在窄行上搭架，棚架高180~200厘米，株高达到45厘米以上时人工引蔓绑缚上架。冬前视田间长势，每亩用腐熟人畜粪1 000~1 500千克加尿素2~3千克离根浇施，以促黄补瘦。立春返青期，每亩用45%复合肥10千克、尿素6~8千克，在离株8厘米处深施。采摘开始后，每隔7天左右用喷施1次"惠满丰"等叶面肥。及时控防白粉病、褐斑病、霜霉病和蚜虫、潜叶蝇等病虫害。②大豆。豌豆离田后，及时施肥，每亩施用腐熟灰粪肥1 500千克和45%复合肥12千克，并及时进行第1次中耕除草。苗高12厘米左右时进行第2次中耕除草，初花前进行第3次中耕除草。花荚期视田间长势，每亩施用45%复合肥5~10千克，鼓粒期每亩用1.5千克磷酸二氢钾兑水50千克叶面喷施，以减少落花落荚。及时控防蚜虫、造桥虫和豆天蛾等害虫。③荞麦。播前翻耕10~15厘米深，每亩施用腐熟有机肥1 500千克、45%复合肥20千克作基肥。可条播，播深3~5厘米，每亩播种量2~3千克。荞麦5叶期至初花期，每亩用15%多效唑40克对水50千克喷施，化控防倒。盛花期每隔2~3天，于上午9~11时用软棉线沿荞麦顶部轻轻拉过，使植株相互接触、相互授粉，从而提高结实率。注意防控地下害虫。

（六）荞麦收获

荞麦的花期很长，种子成熟极不一致。收获过早，不仅产量低，还因混入大量未成熟种子而降低品质；收获过晚，大量成熟的籽粒易脱落，从而导致减产。因而，荞麦适期收获极为重要。通常掌握在 70% ~ 75% 的籽实变为褐色，并呈现出品种固有的粒色时为收获适期。若遇霜害应立即收获，以免因植株枯死而落粒。留种荞麦应在霜前收获。遇有大风预报，应抓紧抢收。收获最好在早晨露水未干时进行。收获时注意轻割轻放，以减少落粒。收获后打成小捆，拉运到晒场堆放 5 ~ 7 天，有利于后熟，提高千粒重，晒干碾打或机械脱粒入库，减少霉变和破碎损失。

四、豌豆高产高效栽培

豌豆系豆科豌豆属一年生或越年生攀缘性草本作物，又名麦豌豆、寒豆、麦豆、荷兰豆（软荚豌豆）。豌豆起源于亚洲西部、地中海沿岸地区和埃塞俄比亚，西汉时传入我国。豌豆的适应性很强，是我国重要的食用豆作物之一。豌豆营养丰富且均衡，其干籽粒含蛋白质 20.0 ~ 24.0%，脂肪 1.6 ~ 2.7%，碳水化合物 55.5% ~ 60.0%，粗纤维 4.5% ~ 8.4%；青籽粒含蛋白质4.4% ~ 11.6%，脂肪 0.1% ~ 0.7%，碳水化合物 12.0% ~ 29.8%，粗纤维 1.3% ~ 3.5%。籽实中还含有胡萝卜素、维生素 B_1、维生素 B_2 和尼克酸。豌豆主要用作粮食和蔬菜用，鲜嫩的茎梢、豆荚、青豆是备受欢迎的淡季优良蔬菜。除速冻青豌豆、脱水青豌豆外，豌豆加工产品还有罐头豌豆、豌豆细粉、浓缩蛋白、粉丝等。豌豆也可作饲料和绿肥用，豌豆根瘤菌可以固氮，其残败叶、留在土壤中的根和根瘤残体等可以培肥土壤，改善土壤物理结构。

（一）豌豆的栽培特性

1. 豌豆的形态特征

（1）根 直根系，有发达的主根和细长的侧根。主根入土深度可达 100 ~ 150 厘米，其上着生大量的细长侧根。豌豆根系主要集中在耕作层（20 厘米左右）之内。豌豆初生主根和侧根，在第一片真叶张开之前就已经发育。主根和侧根上着生许多根瘤。根瘤为肾形，多集中在近地表部分的根上，有时数个根瘤聚集呈花瓣状。根瘤内的共生根瘤菌有显著的固氮能力,通常情况下,根瘤的体积越大,发育越好,色泽粉红,则其固氮能力越强,反之则差。豌豆根瘤菌也可以与蚕豆、扁豆等植物共生形成根瘤。

(2)茎　豌豆茎为青绿色的草质茎,柔软、细长、中空、质脆易折。茎表面光滑无绒毛,多被以白色蜡粉,少数品种的茎上有花青素沉积。豌豆的株高因品种不同而有很大的差异,矮生型为15~90厘米,高大型品种在150厘米以上。茎上有节,节是叶柄的着生处,也是花荚和分枝的着生处,一般早熟矮秆品种节数较少,晚熟高秆品种节数较多。植株分枝差异很大,通常矮生类型仅产生几条分枝,高大类型则分枝较多。

(3)叶　偶数羽状复叶,互生,每片复叶由叶柄和1~3对小叶组成,顶端常有一至数条单独或有分叉的卷须;叶梗基部两侧各着生一片托叶。主茎基部的第一二节不生复叶,而生三裂的小苞叶。复叶的叶面积通常自基部向上逐渐增大,至第一花节处达到最大,然后随节数增加而逐渐减少。复叶上小叶的排列方向有对生、互生或亚互生几种。小叶形状呈卵圆、椭圆形,极少数为棱形。小叶全缘或下部有锯齿状裂痕。托叶呈心脏形,下部边缘呈锯齿状裂痕。叶片表面通常附着一层蜡质,呈浅灰绿色。极少数豌豆类型品种蜡质很厚,看上去呈银灰色。如果是开有色花的品种,托叶基部常有紫色斑或半环状紫色斑点。

(4)花　总状花序,自叶腋长出。开始抽出花序的节位因品种而不同,早熟品种一般5~8节,中熟品种一般9~10节,晚熟品种一般在12~16节。抽出第一花序后,多连续节位发生花序。每一花序通常着生3~6朵花。花萼斜形,小而绿色,基部愈合,上部浅裂成5瓣,呈钟状,从基部到裂片顶端长约1厘米。豌豆的花为典型的蝶形花,有白色、淡红色和紫色之分。花冠由一片圆形具爪纹的旗瓣,两片翼瓣和由两个花瓣愈合而成的龙骨瓣组成。在一朵有色花上，旗瓣通常呈淡红色，翼瓣紫色，龙骨瓣绿色。白花品种的花序梗较长，红花品种较短，但较托叶稍长。一朵花中有雄蕊 10 枚，其中，9 枚基部相连，1 枚分离。豌豆为自花授粉作物，但在干燥和炎热的气候条件下，也能产生杂交，天然杂交率 10% 左右。开花时间一般在早晨 5 时左右，盛开时间为上午 7 ~ 10 时，黄昏时花朵闭合。每朵花可开花 3 ~ 4 天，整株开花期一般为 18 ~ 24 天。

（5）果实　荚果，有硬荚、软荚和半软荚等类型。硬荚类型的荚皮内侧由一层坚韧的革质层组成，软荚类型的荚皮内侧无革质层，半软荚类型的荚皮内侧革质层发育不良或呈条、块状分布。荚果扁平长形，但品种不同有很大差异，有剑形、马刀形、弯弓形、棍棒形和念珠状等，先端或钝或锐。未成熟荚的颜色有蜡黄色、浅绿色、绿色和深绿色之分；某些品种的未成熟荚表面还有紫色条块、斑纹或红晕。成熟荚色通常为浅黄色，很少为褐色。荚果发育时，初是豆荚的发育，在谢花后 8 ~ 10 天大多数豆荚便停止生长，这时种子开始发育，嫩荚应在这个时期采收。每荚的种子粒数，依品种而异，少则 4 ~ 5 粒，多为 7 ~ 10 粒。

（6）种子　种子由种皮、子叶和胚构成，种子单行互生于腹缝线两侧，种子直径 3.5 ~ 10.5 毫米。粒形有皱粒、圆粒之分。圆粒种子的子叶淀粉粒较大，多数为复粒；而皱粒种子的含水和糖分较多，子叶淀粉粒较小，其体积约为圆形豌豆的一半而且多为单粒。种皮色有黄、白、绿、紫、黑数种。豌豆种子的煮软性因种皮色泽而异。凡是藁黄色种皮的种子煮软性最好，黄色和绿色种皮的种子煮软性适中，暗色种皮的种子煮软性较差，大理石花纹和表面皱缩的种子煮软性最差。

2. 豌豆的生育周期

豌豆生长发育经历发芽出苗期、幼苗期、抽蔓期和开花结荚期等阶段。

（1）发芽期 从种子萌动到第一真叶出现为发芽期，约需经历 8 ~ 10 天。皱粒种的种子在 3 ~ 5℃时开始发芽，圆粒种的种子在 1 ~ 2℃时开始发芽。种子发芽的最适温度 18 ~ 20℃，经 4 ~ 6 天，出苗率可达 90% 以上。温度低时发芽慢，而温度高于 25℃时，种子发芽速度虽快，但出苗率反而会下降。

（2）幼苗期 从真叶出现到抽蔓前为幼苗期，不同熟期的品种所经历的时间也不同，一般为 10 ~ 15 天。幼苗期能耐 −5 ~ −4℃的低温。

（3）抽蔓期 植株茎蔓不断伸长，并陆续抽发侧枝。侧枝在植株的茎基部发生多，而在上部发生少。蔓生类型品种的抽蔓期需 25 天左右，而矮生和半蔓生类型的抽蔓期很短或无抽蔓期。茎蔓生长适温为 9 ~ 23℃。

（4）开花结荚期 采收商品嫩荚的从始花至豆荚采收结束，为开花结荚期。开花时要求良好的光照和 15 ~ 18℃的温度，结荚时要求适温为 18 ~ 20℃。在开花后 15 天内，以豆荚发育为主，随后豆荚停止生长而豆粒迅速发育，嫩荚用类型的品种应在谢花后的 8 ~ 10 天时（即豆荚停止生长）采收。

3. 豌豆生长对环境的要求

（1）温度 半耐寒作物，能在低温下生长。豌豆幼苗期适应温度的能力最强，能耐 −6℃的短暂低温。苗期温度稍低，可提早花芽分化，温度高、特别是夜温高，花芽分化节位升高。生育期适宜温度为 12 ~ 16℃，开花期适温为 15 ~ 18℃，高于 25℃不利于开花授粉，可引起落花落荚，并表现出荚果发育异常。荚果成熟期的生长适温为 18 ~ 20℃，高于 25℃，结荚少，豆荚易老化，品质下降，产量减少。

（2）水分 豌豆根系较深，稍能耐旱而不耐涝，但在整个生长期都要求有较高的空气湿度和充足的土壤水分。播种时若土壤干旱，出苗将延迟；若水分过大又易烂种。田间排水不良易导致烂根。荚用品种的苗期有一定耐旱能力，以采收嫩茎叶为主的品种表现出不耐旱。植株开花期的最适宜空气湿度范围为60% ~ 90%，湿度过低会引起落花、落荚。豆荚生长期若遇高温干旱气候，会使豆荚提早纤维化、过早成熟而降低产量和品质。

（3）光照　长日照作物。南方栽培品种多数对日照长短要求不严格。多数品种在延长光照时可提早开花，缩短光照则延迟开花。低温长日照下，花芽分化节位低、分枝多；高温长日照下，较高节位的分枝多。受日照长短的影响，通常南方品种北引，易提前开花结荚；而北方品种南引，生育期延长。

（4）土壤　适应性广，对土壤要求不严格，但以疏松、富含有机质的中性或微酸性土壤中生长良好。适宜的土壤 pH 值范围为 5.5 ~ 6.7，当 pH 值低于 5.5 时，易发生病害。豌豆忌连作，由于豌豆根部分泌多量的有机酸，增加土壤酸度，影响次年根系生长和根瘤菌的发育。

（5）养分　豌豆营养生长阶段，生长量小，养分吸收也少，到了开花、坐荚以后，生长量迅速增大，养分吸收量也大幅增加，豌豆一生中对氮、磷、钾三要素的吸收量，以氮素最多，钾次之，磷最少。每生产100 千克豌豆干籽粒，需吸收氮约3.1 千克、磷约0.9 千克、钾约2.9 千克，所需的氮、磷、钾的比例大约为1：0.29：0.94。豌豆的根瘤虽能固定土壤及空气中的氮素，但苗期固氮能力较弱，且根瘤发育也需一定的氮肥，仍需依赖土壤供氮或施氮肥补充。磷肥对分枝及籽粒发育关系密切，可提高开花结荚率。钾肥有利于改善品质。

（二）豌豆的类型和品种

1. 豌豆的品种类型

通常按植株生长习性、荚果组织、种子外形、种子大小、种皮颜色以及成熟期和用途等方面，对豌豆进行分类。

根据植株生长习性，将豌豆分为矮生、半蔓生和蔓生等类型。矮生的株高 15～80 厘米，半蔓生的株高 80～160 厘米，蔓生的株高为 160～200 厘米。

根据荚果组织，可分成硬荚和软荚等类型。硬荚的荚壁内果皮有厚膜组织，成熟时此膜干燥收缩，荚果开裂，以食用鲜嫩籽粒为主；软荚种的果荚薄壁组织发达，嫩荚嫩粒均可食用。

根据种子外形，通常分成圆粒和皱粒等类型。圆粒种子的子叶淀粉粒较大，多为复粒；皱粒种成熟时糖分和水分较多、品质好。

根据种子大小，可分成小粒、中粒和大粒等类型。通常将种子直径为小于 3.5～5 毫米、百粒重小于 15.0 克的划分为小粒类型；直径为 5～7 毫米、百粒重为 15.1～25.0 克的划分为为中粒类型；而直径大于 7.1～10.5 毫米、百粒重大于 25.0 克的则为大粒类型。

根据种皮颜色，可分为绿色、黄色、白色、褐色和紫色等。

根据成熟期，可分为早熟、中熟、晚熟品种。

根据用途，可分为菜用、粮用和饲用。菜用品种依食用部位又可分食荚（嫩荚）、食苗（嫩梢）、食嫩籽粒和芽菜（嫩芽）类型。嫩荚用类型也称为软荚类型，其荚壳肉质无革质膜或荚壁纤维发育迟缓，荚壳和籽粒均可食，其中的宽扁荚品种人们习惯称为"荷兰豆"；嫩豆粒用类型的豆荚内果皮革质化，荚壳不能食用，是以鲜嫩多汁的嫩豆粒为食用部分，也被称为硬荚种；嫩茎叶用类型，广义上认为是豌豆小苗、嫩茎叶梢等可供食用的栽培品种，但严格意义上的此类品种，应该是茎叶肥嫩、纤维少、生长旺盛，无卷须或卷须很不发达，其茎蔓多为无限生长型，生育期内可多次采收嫩茎梢。

2. 豆主要良种

（1）苏豌 2 号　江苏沿江地区农业科学研究所育成，2012

年江苏省鉴定，属中熟粒用型鲜食豌豆品种，适宜江苏淮南地区秋季栽培。2009—2011年度参加省鉴定试验，两年平均鲜荚亩产794.1千克，较对照中豌6号增产26.0%，两年增产均极显著；亩产鲜籽367.3千克，较对照中豌6号增产30.7%。植株直立，幼苗呈深绿色，复叶小叶退化为卷须，叶型为无叶，托叶普通，叶缘光滑，中等大小，叶腋无花青斑；花白色，多花花序。青荚绿色，直形，鲜籽粒绿色，干籽粒黄白色，圆形。播种至青荚采收197天，株高54.6厘米，主茎14.3节，主茎分枝2.9个，单株结荚17.2个，荚长7.2厘米，荚宽1.5厘米，每荚3.8粒，鲜百荚重323.0克，出籽率46.7%。鲜籽百粒重46.5克，鲜籽口感香脆。抗病性一般，具抗倒性，耐低温特性好。

（2）苏豌4号　江苏沿江地区农业科学研究所育成，2012年江苏省鉴定，属中熟荚粒兼用型鲜食豌豆品种，适宜江苏淮南地区秋季栽培。2009—2011年度参加省鉴定试验，两年平均鲜荚亩产779.6千克，较对照中豌6号增产23.7%，两年增产均极显著；亩产鲜籽336.8千克，较对照中豌6号增产19.9%。植株直立，幼苗呈深绿色。复叶小叶退化为卷须，叶型为无叶，托叶普通，叶缘光滑，中等大小，叶腋无花青斑。花白色，多花花序。青荚绿色，嫩荚直形，鼓粒后近似马刀形，鲜籽粒绿色，干籽粒黄白色，圆形。播种至青荚采收197天，株高54.8厘米，主茎14.6节，主茎分枝3.5个，单株结荚17.8个，荚长6.5厘米，荚宽1.2厘米，每荚4.1粒，鲜百荚重328.4克，出籽率43.4%，鲜籽百粒重43.0克，嫩荚粗纤维含量低。鲜籽口感香甜柔糯。田间病害发生较轻，具抗倒性，耐低温特性好。

（3）苏豌5号　江苏沿江地区农业科学研究所育成，2012年江苏省鉴定，属中熟粒用型鲜食豌豆品种，适宜江苏淮南地区秋季栽培。2009—2011年度参加省鉴定试验，两年平均鲜荚亩产722.0千克，较对照中豌6号增产14.6%，两年增产均极显著；亩产鲜籽327.9千克，较对照中豌6号增产16.7%。植株直立，幼苗呈深绿色。复叶小叶退化为卷须，叶型为无叶，托叶普通，叶缘光滑，中等大小，叶腋无花青斑。花白色，多花花序。青荚绿色，直形，鲜籽粒绿色，干籽粒黄白色，圆形。播种至青荚采收195天，株高55.2厘米，主茎13.6节，主茎分枝3.2个，单株结荚16.7个，荚长6.3厘米，荚宽1.3厘米，每荚3.9粒，鲜百荚重312.5克，出籽率45.5%，鲜籽百粒重45.1克。鲜籽口感香脆。抗病性一般，具抗倒性，耐低温特性好。

（4）苏豌6号　江苏省农业科学院育成，2012年江苏省鉴定，属中熟荚粒兼用型鲜食豌豆品种，适宜江苏淮南地区秋季栽培。2009—2011年度参加省鉴定试验，两年平均鲜荚亩产829.6千克，较对照中豌6号增产31.7%，两年增产均极显著；亩产鲜籽331.1千克，较对照中豌6号增产17.9%。植株蔓生。普通叶，幼叶呈绿色，叶椭圆。花白色，多花花序。青荚深绿色，镰刀形，鲜荚深绿色，鲜籽粒绿色，干籽粒绿色，圆形。播种至青荚采收192天，株高121.2厘米，主茎15.4节，主茎分枝2.5个，单株结荚18.5个，荚长6.7厘米，荚宽1.2厘米，每荚5.0粒，鲜百荚重455.3克，出籽率39.6%，鲜籽百粒重43.6克。嫩荚粗纤维含量低，鲜籽口感香甜柔糯。田间病害发生较轻，苗期抗寒性一般。

（5）中豌6号　中国农业科学院畜牧研究所育成。矮生、白花、硬荚型，早熟。该品种株高40～50厘米，茎叶深绿色。北京春播分枝少，一般单株荚果7～10个，荚长7～8厘米，荚宽1.2厘米，荚厚1厘米左右。单荚粒数6～7粒。第一荚果着生部位距根部为15～20厘米，荚果节间距短（4～5厘米），灌浆鼓粒快。成熟的干豌豆为绿色，百粒重25克左右。青豌豆荚果颜色为浅绿色，青豆百粒重52克左右。青豆出粒率47%左右。该品种节间短，荚果鼓得快而集中，品质优良，皮薄易熟，食味鲜美，青豌豆荚果色泽绿，果型大而饱满，籽粒大小均匀。具有叶片大、叶色深绿、卷须少、豆苗嫩、口感好等特点，为食用豌豆苗的优选品种。适应性强，适应地区广。北方为春播，南方多为冬播或秋播。春播的生育期为 65 ~ 80 天，冬播为 75 ~ 100 天，以幼苗越冬为 150 天左右。在江苏南通等地作冬播种植时，成熟期比中豌 5 号早 5 天左右。

（6）中豌 5 号　中国农业科学院畜牧研究所育成。矮生、白花、硬荚型，早熟。株高 40 ~ 50 厘米，茎叶深绿色。北京地区春播时分枝少，一般单株荚果 7 ~ 10 个，荚长 7 ~ 8 厘米，荚宽 1.2 厘米，荚厚 1 厘米左右，单荚粒数 6 ~ 7 粒。第一荚果着生部位距根部 15 ~ 20 厘米，荚果节间距短，灌浆鼓粒快。成熟干豌豆为绿色，百粒重 23 克左右。青豌豆荚果为深绿色，青豆百粒重 48 克左右，果型大而饱满，大小均匀，适于外贸出口罐冷冻加工。该品种品质优良，皮薄易熟。具有叶片大、叶色深绿、卷须少、豆苗嫩、口感好等特点，为食用豌豆苗的优选品种。该品种适应性强，适应地区广。北方为春播，南方多为冬播或秋播。春播时生育期 65 ~ 80 天，冬播 75 ~ 100 天，以幼苗越冬的约 150 天。

（7）中豌 4 号　中国农业科学院畜牧研究所育成。矮生、白花、硬荚型，早熟。花序着生节位低，结荚密，单株结荚 6 ~ 8 个，冬播可达 10 ~ 20 个，荚长 7 ~ 8 厘米，宽 1.2 厘米。荚粒数多，单荚粒数 6 ~ 7 粒。嫩籽粒淡绿色，百粒重 45 克左右。干籽粒黄白色，圆形，光滑，百粒重 17 克左右。种皮较薄，品质中上。该品种适应性好，抗逆性强，耐寒，较抗旱，后期较抗白粉病。在我国南方适宜于春、秋、冬三季栽培。

（8）白玉豌豆　江苏南通地方种。株高 70 ~ 100 厘米，苗期半直立，分枝较多，生长后期半匍匐地面，白花，果荚较长，单荚粒数 5 ~ 6 粒。种子圆形，白色有光泽，百粒重 30 克左右。以食用嫩尖、青荚为主，该品种对土壤的适应性广，耐旱，耐瘠，耐寒。

（9）奇珍 76 外引的甜豌豆品种。半蔓生、白花、软荚型，蔓长 1.8~2.5 米，分枝力强，每株可结荚 20~30 个，豆荚呈长扁圆形。荚大饱满，色浓绿，甜度高，肉质嫩。籽粒皱缩，绿色，粒大。该品种豆荚饱满、外形美观，食味甜脆爽口，深受市场欢迎。该品种喜冷凉，耐寒不耐热，生长的适宜温度 16~23℃。江苏沿江等地通常 11 月上中旬播种，翌年 3 月抽蔓，4 月初开花，花后约 20 天开始采收嫩荚，可持续 20~25 天。

（三）豌豆优质高产栽培

1. 田块准备与种子处理

（1）田块准备豌豆连作时容易加剧病虫害，导致产量降低、品质下降，且白花品种比紫花品种对连作的反应更敏感。一般要求种过豌豆的地块，最好间隔 4~5 年后才能再种。江苏沿江地区，豌豆常作为水稻、玉米、西瓜以及蔬菜的前茬或后作，特别适合与玉米、棉花等高秆作物套作，或在桑园内套种。豌豆根在食用豆类作物中相对较弱，根群较小，播种前应适当深耕细耙、疏松土壤。在雨水较多地区，要开沟作畦，做到排灌通畅。

（2）种子处理 播前精选种子，以剔除病粒、虫粒、破碎粒、小粒和秕粒，淘汰混杂粒、异色粒。可手工粒选，也可采用筛选、风选或盐水选种。盐水选种方法：将种子倒入浓度为 30%~40% 的盐水中，不充实的种子，捞出漂浮于水面的种子，沉入水底种子用于播种。精选的种子在播前晒种 3~5 天，以提高种子发芽势和发芽率。播种前用二氧化硫熏蒸种子 10 分钟或用 50℃ 温水浸种 10 分钟，能预防病虫害。播种前用根瘤菌拌种，可增加根瘤数目，促进成熟，提高前期产量。播种前，将豌豆种子用 15℃ 温水浸种，浸泡 2 小时后上下翻动，待种子皮发胀后取出催芽，种子萌动、胚芽露出后放在 0 ~ 2℃ 低温下处理 5 ~ 10 天后取出播种，若种子量少时也可将吸胀后的种子直接置于冰箱内处理，低温处理有利于降低第一花序着生节位，提早成熟。

2. 秋豌豆的栽培管理

秋豌豆生长季节短、品质优，特别是多熟制集约化种植条件下，可在玉米、青毛豆、瓜果等秋熟作物收获后增种一季秋豌豆，不仅提高了耕地复种指数，还有效地利用冬前光热资源。地处长江下游沿江一带的江苏南通等地，秋豌豆通常在 11 月初采摘上市，鲜荚上市时正值蔬菜淡季，种植效益较高，一般亩产鲜荚 500 ~ 600 千克。其栽培要点如下。

（1）播种适期　鲜食豌豆秋播的最佳时期为 9 月上旬。过早播种，因气温较高而导致幼苗大量死亡，即使存活下来的幼苗，刚开始开的花也不能正常受精，因而产量低；播种过迟，开花和鼓粒期易受低温危害，不能正常收获，风险较大。

（2）品种选用　可选择"中豌 6 号"和"中豌 4 号"等矮生豌豆品种。两品种秋播不需搭架栽培，相比而言，"中豌 6 号"在产量和商品性方面略优于"中豌 4 号"。

（3）整地施肥　播前清理前茬秸秆，通常每亩施用优质腐熟农家肥 1 000 千克和复合肥 30 千克、碳铵 25 千克，将上述肥料均匀撒施于地面，然后用旋耕机浅耕平整。重茬田每亩施用 15 千克生石灰改良土壤。

（4）合理密植　矮生豌豆适宜密植。秋播豌豆营养生长期短，株高和分枝数也只有冬播的一半，因此要注意密植。开沟条播，通常行距 0.30 ~ 0.33 米，每米行长播种 30 ~ 35 粒，播深 3 ~ 4 厘米。每亩播种量 12 ~ 15 千克，每亩密度 4.8 ~ 5 万株。

（5）田间管理　如遇墒情差，应先浇足底墒水后再下种。每亩用晶体敌百虫 0.25 千克拌粉碎的炒香菜籽饼 3 千克，或用

3%立本净颗粒剂500克加细土20千克充分拌和，均匀地撒于播种沟内，防治蛴螬、地老虎、蝼蛄等地下害虫。豌豆一般不疏苗、定苗，但幼苗易受草害，需中耕除草2~3次。也可采用化学除草。秋豌豆的栽培需施足基肥，巧施追肥。进入秋季后，温度下降较快，因此，要处理好短暂的营养生长期和养分积累问题，在施肥上可采取"施足基肥，早施苗肥，重施花荚肥"的施肥原则。在施足基肥的基础上，4叶期亩施尿素5千克，始花期每亩施尿素10千克，以增花、增荚、增粒重。豌豆是忌水、怕旱的作物。播种时若土壤过于干旱，应在播前或播后的傍晚灌水，全畦湿润后即排干水，视土壤墒情在出苗前再灌一次水。苗期和开花结荚期如遇干旱，也要进行沟灌。

3. 春豌豆的栽培管理

冬播粒用春豌豆通常春收（通常5月上旬采摘青荚），从播种至青荚上市约135天，可满足春季市场的消费需求。一般可亩产豌豆鲜荚700~1000千克。长江下游沿江等地春豌豆栽培要点如下。

（1）适宜播期 播种过早，会造成年前徒长或提早开花，年后遇"倒春寒"会发生严重冻害，使茎叶和花蕾冻枯或大量花蕾脱落，早种不能早熟，反而影响产量。而播种过迟，则年前秧苗过小，抗寒能力较差，越冬期易受冻害，也不利于高产。通常以11月底至12月初播种为宜，可确保12月底出苗，年前长出3个以上叶片。

（2）品种选用 宜选用"中豌5号""中豌6号"等矮秆品种。"中豌5号"品种适于外贸出口罐冷冻加工；"中豌6号"品种的成熟期比"中豌5号"早5天左右，适于市场销售青荚，也可速冻加工。

（3）整地施肥 深耕细整，开沟作畦，畦宽根据品种特性、土壤排水状况而定，矮秆品种多采用2.5~3.5米（连沟）畦宽种6行。每亩施优质腐熟有机肥2 500千克、过磷酸钙25～30千克、氯化钾10～15千克作基础。有机肥数量大，全层施，数量少，条施或穴施。也可用复合肥30～40千克穴施，但不能接触种子。

（4）合理密植　穴播或开行条播，播深3～4厘米。纯作田块，通常行距为0.5～0.6米，条播时每1米行长播35粒为宜，每亩播种量8～12.5千克，基本苗以3.5万～4.0万株为宜。与玉米间作的田块，在预留的玉米行间种植2行豌豆。

（5）田间管理　出苗后及时查苗补缺。中耕除草1～2次，疏松土壤，消灭杂草。越冬前壅根防冻。重视苗期追肥，尤其是未施或少施基肥的田块，一般每亩追施复合肥5～7.5千克或尿素5千克或腐熟人粪尿1 000千克，促进幼苗生长和根瘤的早日形成。豌豆不耐水渍，春季做好清沟排水工作，做到雨停沟中不积水。豌豆开花结荚时，因需养分多，亩追施尿素7.5千克，配施三元复合肥5千克。鼓粒期，可用0.3%尿素溶液和磷酸二氢钾溶液进行根外追肥2次。

4. 食荚豌豆的栽培管理

食荚豌豆以采摘嫩荚食用，江苏省以秋播春收为主，通常在4～5月就可采收，上市期比早熟豆荚类蔬菜提前1～2个月，即缓解了豆类蔬菜的淡季矛盾，又有利于提高冬季农田的效益（可比同季麦子每亩增收在250元以上）。

（1）适宜播期　11月初播种。过早播种，易造成冻害，过迟播种又影响豌豆的正常生长。

（2）品种选用　可选用"奇珍76""成驹三十日"等品种。

（3）整地施肥　前茬收获后即耕地晒垡，耕翻前每亩施优质腐熟有机肥1 500～2 000千克。播前3～4天施肥整地，整地前增施45%的高浓度复合肥20～25千克。按照1.4～1.5米宽开沟作畦，畦面宽1.2～1.3米，沟宽0.2～0.25米，深0.25～0.3

米。并做到沟沟相通。

（4）合理密植　按照每畦播种2行，在距沟10～15厘米处穴播，穴距27厘米左右，每穴播2～3粒，播深3～4厘米，播后忌踩压，种植密度3 500穴。可在畦面2行间播种预留苗，待苗高3～4厘米时按照株距要求移栽。

（5）田间管理　豌豆的幼苗期容易发生草荒，除草要除早、除小，切勿伤苗。整个生育期需中耕除草2～3次，在越冬前将锄松的土壤培壅在根旁。苗高5～6厘米时用腐熟水粪促黄补瘦。越冬期，每亩用腐熟水粪肥1 500～2 000千克加5千克尿素在距豌豆根部10厘米左右处打塘穴施，施后盖土。幼苗茎蔓长到约30厘米时，及时用竹竿搭成"人"字形架，竹竿插到豌豆行的外侧，每50厘米插1根，竹竿长1.8～2.0米，与竹竿行向平行拉线绳或用竹竿绑付在架上起托蔓作用。用固定在横架上的绳子或稻草下垂引蔓栽培，使豌豆的蔓沿绳向上攀缘生长，并定期进行绑蔓牵引，随着植株的生长，不断向上拉绳托蔓，保证植株的茎蔓在竹架内向上生长。为保证豌豆在开花结荚期营养生长和生殖生长均匀发展，初花期每亩追施45%复合肥20千克。开始采收后，每间隔5天左右每亩用45%复合肥10～15千克进行追肥。结荚中后期要辅以根外喷肥。干旱时，要注意从沟内灌跑马水，否则会影响嫩荚的荚形和产量。

（四）豌豆主要病虫害防治

1. 主要病害的防治

为害豌豆的病害主要有豌豆白粉病、豌豆根腐病、豌豆褐斑病和豌豆锈病等。

（1）豌豆白粉病　真菌性病害，一般在结荚期间流行。主要危害叶片、茎蔓和荚，多从植株下部叶片开始发病，逐渐向上发展。发病初期，叶面出现淡黄色小斑点，扩大成不规则状的粉斑；严重时，叶片正反两面均覆盖一层白粉，最后变黄枯死。雨日多，田间荫蔽潮湿，植株贪青徒长，或生长衰弱等，均容易引起发病。

防治措施：①选用抗病品种。②加强田间管理。避免重茬，采用高畦深沟或高垄栽培，施足基肥，增施磷钾肥。③种子处理。用种子量的 0.5% 的 70% 甲基托布津可湿性粉剂拌种，拌种后堆闷 12～24 小时后播种。④药剂防治。白粉病多发生在豌豆生长中后期，应在植株初花期或发病始期及早用药，可用 50% 多菌灵可湿性粉剂 1 000 倍液或用 25% 粉锈宁可湿性粉剂 2 000～3 000 倍液，或用 70% 甲基托布津可湿性粉剂 1 000 倍液喷施。间隔 7～10 天 1 次，连续 2～3 次。注意交替喷施，喷匀喷足。

（2）豌豆根腐病　真菌性病害，主要危害根部或根茎部。发病时，病株茎基部、根系呈灰褐色条斑，植株下部叶片先黄，并向上发展，致全株发黄枯萎。发病重的茎基部及地表下 3～4 厘米长的主根、侧根全部变为深灰褐色，部分毛根上有灰褐色条斑，其基部缢缩或凹陷变褐，皮层腐烂，植株矮化，叶小色淡，植株开花后大量枯死，致使全田一片枯黄，甚至绝收。该病在整个生育期均可发生，但以开花期染病多。

防治措施：①选择抗病品种，选择非豆科作物地种植；②种子处理。用种子重量 0.2% 的 75% 百菌清可湿性粉剂拌种；③药剂防治：发病初期，可用 77% 可杀得可湿性粉剂 500 倍液，或用 50% 多菌灵可湿性粉剂 1 000 倍液，或用 70% 代森锰锌可湿性粉剂 1 000 倍液，或用 75% 百菌清 500～700 倍液灌根，每株灌药液 100 毫升，连续灌根 2～3 次。

（3）豌豆褐斑病　真菌性病害，危害豌豆叶、茎、荚及种子，以叶片病斑为常见。发病初期，叶片正面出现水渍状小点，然后逐渐发展成近圆形淡褐色至黑褐色病斑。茎、荚上的褐色至深褐色病斑稍下陷。病斑上呈现针头大小的黑色小点。播种带菌种子可引起幼苗发病，温暖且多雨高湿的环境有利于发病。

防治措施：①选用抗病品种，从无病田健荚上选留种子。②种子处理。播种前用种子重量 0.5% 福美双可湿性粉剂拌种。③加强田间管理。合理密植，注意排水降湿。④药剂防治。发病初期，可用 50% 多菌灵可湿性粉剂 800 倍液，或用 75% 百菌清可湿性粉剂 600 ~ 800 液喷施，间隔 7 ~ 10 天 1 次，连续喷药 2 ~ 3 次。

（4）豌豆锈病　真菌性病害。叶片受害后，两面出现圆形红褐色病斑，突起成疱状，外围常有黄色晕圈，表皮破裂，散出黄褐色粉状物。后期叶片、叶柄、茎部的病斑产生大而明显的黄色突出肿斑，破裂后散出黑褐色粒状物。

防治措施：①加强田间管理。清除田间杂草，及时拾净并烧毁病叶，深耕灭茬，沟系配套，及时排水降湿；②药剂防治。可用 15% 粉锈宁 1 500 ~ 2 000 倍液防治。

2. 主要害虫及其防治

为害豌豆的虫害主要有蚜虫、潜叶蝇和豌豆蟓。

（1）蚜虫　蚜虫主要吸食茎叶汁液，使叶片卷缩变黄，使嫩梢叶失去商品价值，又传播黄顶病，使新叶黄化变小，皱缩卷曲，叶质发脆，植株矮缩枯死。

防治措施：①保护并利用天敌。充分利用瓢虫等天敌，杀灭蚜虫。②诱杀害虫。根据蚜虫生物学特性，采取糖醋液、黑光灯、黄板等进行诱杀。③药剂防治。每亩用 3% 啶虫脒可湿性粉剂 30 克，或用 10% 蚜虱净可湿性粉剂 30 克，或用 24.5% 绿维虫螨乳油 50 毫升，对水 50 千克喷雾，根据虫情防治 1 ~ 2 次。

（2）豌豆潜叶蝇　杂食性的害虫，成虫体小，可吸食叶片汁液，幼虫蛆状，主要是幼虫为害。幼虫潜于叶片表皮下，潜食叶肉，形成弯弯曲曲的白色虫道，从叶缘开始向内盘旋延伸，虫道由外向内变得越来越宽，严重影响叶片光合作用。

防治措施：①加强田间管理。及时清理病株残体，清除田间、田边杂草。②保护并利用天敌。充分利用天敌（如豌豆潜蝇姬小蜂、油菜潜蝇姬小蜂等）来控制种群数量，在天敌大量发生的季节，尽量不施用化学农药或选用选择性的农药，以保护田间的自然天敌。③诱杀害虫。利用豌豆潜叶蝇成虫的趋黄性，在黄色诱集板上涂机油和农药敌百虫进行诱杀。④药剂防治。始见幼虫潜蛀时，可用 50% 乐斯本 1 000 倍液或 1.8% 阿维菌素乳油 3 000 ~ 4 000 倍液等喷施，每隔 7 ~ 10 天一次，共喷 3 次左右。

（3）豌豆象 单食性害虫，只为害豌豆。春季豌豆开花时，以成虫取食花瓣、花粉、花蜜，并在豆荚上产卵，孵化后幼虫钻入荚内，继而蛀入豆粒内部，以幼虫为害豆粒，把豆粒蛀食一空，在种子表面留下一个小黑点。

防治措施：①熏蒸法。在豌豆收获后，成虫尚未羽化时，每 100 千克豌豆用磷化铝 2 片（约 6 克），室温 15 ~ 30℃ 条件下密闭 3 ~ 5 天。②药剂防治。在豌豆开花结成第 1 批嫩荚时，豌豆象大量集中于花荚上产卵，此时应及时进行药剂防治，每亩可选用 24.5% 绿维虫螨乳油 50 毫升对水 50 千克喷雾。

（五）豌豆集约种植生产实例

1. 小麦/西瓜—豌豆

长江下游沿江地区应用该模式，每亩可产小麦 300 千克、西瓜 3 500 千克、豌豆（青荚）550 千克。

（1）茬口配置 每 2.67 米为一个组合，秋播在 1.67 米宽的畦幅内种植小麦，留空幅 1 米，5 月上旬在空幅中间移栽 1 行西瓜，株距 31 厘米，每亩密度 800 株左右，8 月下旬西瓜收获结束。豌豆于 9 月 5 ~ 7 日播种，行距 30 ~ 35 厘米，每 1 米行长播种豌豆 30 ~ 35 粒，每亩用种量 12 ~ 15 千克，每亩种植密度

4.8 万 ~ 5 万株，11 月上中旬采摘青荚上市。

（2）品种选用 ①小麦。选用春性类型品种，如"扬麦 13""扬辐麦 4 号"等。②西瓜。可选用"8424"等品种。③豌豆。宜选用"中豌 6 号"等品种。

（3）培管要点 ①小麦。每亩施用 45% 复合肥 30 千克加碳铵 25 千克作基肥，每亩播种 6 千克，精量播种。高标准开挖好田间一套沟。越冬期每亩施用腐熟有机肥 500 千克作腊肥。翌年 4 月上旬施用尿素 15 千克作拔节孕穗肥。及时防治麦田草害及其赤霉病、白粉病、蚜虫等病虫害。小麦收割后将秸秆铺在西瓜行间。②西瓜。3 月下旬每亩制钵 1 000 个，每钵播种 1 粒西瓜种子，搭棚架盖膜，移栽前炼苗 3 天。每亩施用腐熟优质有机肥 2 000 千克、45% 复合肥 40 千克、饼肥 50 千克作基肥，基肥要开沟深施，起垄喷施除草剂后覆盖地膜定植西瓜，栽后浇足水分。第 1 雌花开放时控制肥水，当瓜长至鸡蛋大小时每亩施用尿素 15 千克作西瓜膨大肥，并叶面喷施 0.2% 磷酸二氢钾溶液。及时控防枯萎病、炭疽病、疫病及其瓜螟、蚜虫等。③豌豆。每亩施用 45% 复合肥 20 千克、碳铵 20 千克和优质有机肥 1 000 千克。播前用旋耕机浅耕，精细平整。按规格要求播种。在初花至盛花期，每亩施用尿素 10 ~ 15 千克。播种后如遇高温干旱，应及时浇水促出苗。开花结荚期遇有高温干旱时要及时抗旱。及时防控蜗牛、棉铃虫、斜纹夜蛾等虫害。

2. 蚕豆/毛豆—豌豆

长江下游沿江地区应用该模式，每亩可产蚕豆（青荚）900 千克、毛豆青荚 1 000 千克、豌豆青荚 600 千克。

（1）茬口配置 蚕豆于 10 月中旬播种，行距 1.33 米，穴距 20 厘米，每穴 3 ~ 4 粒，每亩密度 8 000 株左右，翌年 5 月中旬蚕豆采收青荚上市。毛豆于 5 月中旬播种于蚕豆两侧，行距 0.67 米，穴距 30 厘米，每穴播种 3 ~ 4 粒，每穴定苗 2 株，每亩密度 6 600 株左右，8 月底采收。豌豆于 9 月 5 ~ 7 日播种，行距 33 厘米，每 1 米行长播种豌豆 30 ~ 35 粒，每亩用种量 12 ~ 15 千克，每亩种植密度 4.8 ~ 5 万株，11 月上中旬采摘青荚上市。

（2）品种选用 ①蚕豆。应选用大粒型品种，如"启豆 5 号"、"日本大白皮"等。②毛豆。宜选用"通豆 6 号"等。③豌豆。宜选用"中豌 6 号"等。

（3）培管要点 ①蚕豆。每亩施用过磷酸钙 40 ~ 45 千克作基肥，3 月下旬至 4 月初每亩施用尿素 5 千克作花荚肥。越冬期壅土。3 月上中旬整枝，每 1 米行长留健壮分枝 50 个左右。及时控防治蚕豆赤斑病、蚜虫、蜗牛等病虫害。②毛豆。每亩施用 45% 复合肥 15 千克，初花期施用尿素 5 ~ 7 千克。植株有旺长趋势时可用多效唑化控调节，及时控防病毒病、大豆食心虫、蜗牛等。③豌豆。每亩施用 45% 复合肥 20 千克、碳铵 20 千克和优质有机肥 1 000 千克。播前用旋耕机浅耕，精细平整。按规格要求播种。在初花至盛花期，每亩施用尿素 10 ~ 15 千克。播种后如遇高温干旱，应及时浇水促出苗。开花结荚期遇有高温干旱时要及时抗旱。及时防控蜗牛、棉铃虫、斜纹夜蛾等虫害。

3. 小麦—玉米—豌豆

长江下游沿江地区应用该模式，每亩可产小麦 400 千克、玉米青穗 650 千克、豌豆青荚 600 千克。

（1）茬口配置 小麦采用机械条播，11 月上旬播种，翌年小麦机收后随即播种夏糯玉米，玉米行距 90 厘米，株距 22 厘米。夏糯玉米从播种到采收只需 70 ~ 80 天，豌豆在玉米采收青果穗后于 8 月下旬至 9 月上旬播种，开沟条播，行距 35 ~ 40 厘米，每亩用种量 12 ~ 15 千克。

（2）品种选用 ①小麦。选用春性高产品种，如"扬麦 16"等。②玉米。选用优质糯玉米品种，如"中糯 2 号"等。③豌豆。宜选用"中豌 6 号"等品种。

（3）培管要点　①小麦。每亩基本苗 16 万~18 万。播种前每亩施用 45% 复合肥 15 千克或磷酸二铵 15 千克作基肥，12 月下旬每亩施用尿素 7.5 千克作腊肥，3 月中下旬每亩施用 10 千克尿素作拔节孕穗肥。搞好化学除草，及时控防治小麦赤霉病、蚜虫和黏虫等病虫害。②玉米。小麦收获离田后立即清除秸秆，整理田块后每亩用磷酸二铵 15~20 千克或玉米专用肥 30~40 千克，深施作基肥，6 月 10 日左右适期播种。于植株 3 叶期、5~6 片展开叶期和 10~11 片展开叶期，每亩分别用 10 千克、15 千克和 25 千克的尿素追施。及时控防玉米大小斑病、锈病和地老虎、玉米螟、夜蛾类害虫。植株授粉后 20~24 天适期采收。③豌豆。每亩施用 45% 复合肥 20 千克、碳铵 20 千克和优质有机肥 1 000 千克。播前用旋耕机浅耕，精细平整。按规格要求播种。在初花至盛花期，每亩施用尿素 10~15 千克。播种后如遇高温干旱，应及时浇水促出苗。开花结荚期遇有高温干旱时要及时抗旱。及时防控蜗牛、棉铃虫、斜纹夜蛾等虫害。

（六）豌豆收获

作鲜菜用的嫩荚，因生长季节及栽培方式的不同，开花后到青豆荚采摘的天数差距较大，应根据豆荚的用途、豆荚壮粒程度灵活掌握采收日期。一般在开花后 8~14 天，嫩荚充分长大，种子尚未成熟发育或刚刚开始发育、荚壁微微突起（即现籽不现粒时）为采收适期。采用手工采摘方式。此时荚壁的纤维少、品质好，成熟一批，采收一批。

作青豆粒以及供罐头用的豌豆，其采收期一般在开花后 15~18 天。豆粒已充分鼓起，豆粒已达 70% 饱满，豆荚刚要开始转色时采收。采用手工采摘方式。若采收过早，品质虽佳，但产量低；而推迟采收，豆粒中的糖分下降，淀粉增多，风味变差。由于不同部位的豆荚生长发育不一致，应分期分批及时采收。

收获干豌豆的，通常在 70% ~80% 豆荚枯黄时收获。人工收获时，应在近地面处割下，或连株拔起，放置在场上晾晒为好，再打场或用脱粒机脱粒。

豌豆留种时，应选择植株健壮、无病虫害的田块作留种田。当硬荚种的荚果达到老熟呈黄色或软荚种呈皱缩的干荚时采收。采收后晒干、脱粒，贮藏于干燥阴暗的仓库中，一般能存贮 5 ~ 6 年，但以 2 ~ 3 年的种子发芽率较为理想。

五、绿豆高产高效栽培

绿豆系豆科豇豆属植物，又名菉豆、植豆、文豆等。原产于亚洲东南部，中国也在起源中心之内，绿豆在我国已有 2 000 多年的栽培历史。绿豆籽粒含蛋白质 24.5% 左右，人体所必需氨基酸 0.20% ~ 2.4%，淀粉约 52.5%，脂肪 1% 以下，纤维素 5%。绿豆含有生物碱、香豆素、植物甾醇等生理活性物质，对人体和动物的生理代谢活动具有重要的促进作用。绿豆芽中含有丰富的蛋白质、矿物质及多种维生素，现代医学认为绿豆及其芽菜中含有丰富的维生素 B_{17} 等抗癌物质及一些具有特殊医疗保健作用的营养成分，在民间历来就有用绿豆治病的习惯，如用绿豆汤防止中暑等。绿豆除直接食用外，还可制做多种糕点，食用范围十分广泛。

（一）绿豆的栽培特性

1. 绿豆的形态特征

（1）根　绿豆根系由主根、侧根、根毛和根瘤等几部分组成。主根由胚根发育而成，垂直向下生长，入土较浅。主根上长有侧根，侧根细长而发达，向四周水平延伸。次生根较短，侧根的梢部长有根毛。绿豆的根系有两种类型：一种为中生植物类型，主根不发达，有许多侧根，属浅根系，多为蔓生品种；另一种为旱生植物类型，主根扎得较深，侧根向斜下方伸展，多为直立或半蔓生品种。绿豆根上长有许多根瘤。绿豆出苗天后开始有根瘤形成，初生根瘤为绿色或淡褐色，以后逐渐变为淡红色直至深褐色。主根上部的根瘤体形较大，固氮能力最强。苗期根瘤固氮能力很弱，随着植株的生长发育，根瘤菌的固氮能力逐步增强，到开花盛期达到高峰。

（2）茎　种子萌发后其幼芽伸长形成茎，绿豆茎秆比较坚韧，外表近似圆形。幼茎有紫色和绿茎两种。成熟茎多呈灰黄、深褐和暗褐色。茎上有绒毛，也有无绒毛品种。按其长相可分为直立型、半蔓生型和蔓生型三种。植株高度（主茎高）因品种而异，一般 40～100 厘米，高者可达 150 厘米，矮者仅 20～30 厘米。绿豆主茎和分枝上都有节，主茎一般 10～15 节，每节生一复叶，在其叶腋部长出分枝或花梗。主茎一级分枝 3～5 个，分枝上还可长出 2 级分枝或花梗。在同一植株上，上部节间长，下部节间短。一般在茎基部第 1～5 节上着生分枝，第 6～7 节以上着生花梗，在花梗的节瘤上着生花和豆荚。

（3）叶　绿豆叶有子叶和真叶两种。子叶两枚，白色，呈椭圆形或倒卵圆形，出土 7 天后枯干脱落。真叶有两种，从子叶上面第 1 节长出的两片对生的披针形真叶是单叶，又叫初生真叶、无柄叶，是胚芽内的原胚叶。随幼茎生长在两片单叶上面又长出三出复叶。复叶互生，由叶片、托叶、叶柄三部分组成。绿豆叶片较大，一般长 5～10 厘米、宽 2.5～7.5 厘米，绿色，卵圆或阔卵圆形，全缘，也有三裂或缺刻型，两面被毛。托叶一对，呈狭长三角形或盾状，长 1 厘米左右。叶柄较长，被有绒毛，基部膨大部分为叶枕。

（4）花　总状花序，花黄色，着生在主茎或分枝的叶腋和顶端花梗上。花梗密被灰白色或褐色绒毛。绿豆小花由苞片、花萼、花冠、雄蕊和雌蕊 5 部分组成。苞片位于花萼管基部两侧，长椭圆形，顶端急尖，边缘有长毛。花萼着生在花朵的最外边，钟状，绿色，萼齿 4 个，边缘有长毛。花冠蝶形，5 片联合，位于花萼内层，旗瓣肾形，顶端微缺，基部心脏型。翼瓣 2 片，较短小，有渐尖的爪。龙骨瓣2片联合，着生在花冠内，呈弯曲状楔形，雄蕊10枚，为（9＋1）二体雄蕊，由花丝和花药组成。花丝细长，顶端弯曲有尖缘，花药黄绿色，花粉粒有网状刻纹。雌蕊1枚，位于雄蕊中间，有柱头、花柱和子房组成，子房无柄，密被长绒毛，花柱细长，顶端弯曲，柱头球形有尖喙。

（5）果实　荚果，由荚柄、荚皮和种子组成。绿豆的单株结荚数因品种和生长条件而异，少者10多个，多者可达150个以上，一般30个左右。豆荚细长，具褐色或灰白色绒毛，也有无毛品种。成熟荚黑色、褐色或褐黄色，呈圆筒形或扁圆筒形，稍弯。荚长6～16厘米，宽0.4～0.6厘米，单荚粒数一般12～14粒。绿豆种子有绿（深绿、浅绿、黄绿）、黄、褐、蓝青色4种颜色，绿豆种子有圆柱形和球形两种，长0.3～0.8厘米、宽0.2～0.5厘米。在各色绿豆中又分为有光泽（有蜡质）和无光泽（无蜡质）两种。根据绿豆籽粒大小，还可分为大、中、小粒3个类型，一般百粒重在6克以上者为大粒型，4～6克为中粒型，4克以下为小粒型。

2. 绿豆的生育周期

绿豆一生可分为6个生育时期，即幼苗期、枝芽分花期、开花结荚期、灌浆期、成熟期和摘后期。

（1）幼苗期　绿豆从出苗到第一个分枝出现的这段时期称为幼苗期。绿豆子叶和对生真叶同时出土，很快展开为出苗。出苗后幼茎继续伸长，大约10天后长出第1片复叶，此时地上部分生长速度较慢，地下根系生长较快。一般地下部分比地上部分生长快5～7倍。这一阶段需要10～20天，占整个生育期的1/5。以后每隔5～7天长出1片复叶。

（2）枝芽分化期　绿豆植株从第一个分枝形成到第一朵花出现为分枝和花芽分化期，当第一片复叶长出后，在叶腋处开始分化腋芽。腋芽有两种，即枝芽和花芽。枝芽形成分枝，花芽形成花蕾。花蕾的出现标志着绿豆已进入生殖生长阶段。一般夏播绿豆从出苗至开花的天数，早熟种 30～35 天，中熟种 40 天左右，晚熟种 50 天以上。

（3）开花结荚期　当 50% 的绿豆植株上出现第一朵花时，为开花期。绿豆开花与结荚无明显的界限，统称花荚期。此时是绿豆营养生长和生殖生长交错进行的旺盛时期，也是决定籽粒产量和品质的关键时期，即绿豆对肥水需求的临界期。绿豆陆续开花、结荚、成熟，很多品种成熟时间不一致，一般可出现 2～3 次成熟高峰，分次采摘能提高产量。

（4）灌浆期与成熟期　荚内豆粒从开始鼓起至达到最大的体积与重量，为灌浆期，也叫鼓粒期，此期是决定绿豆产量高低的重要发育阶段。鼓粒后，种子含水量迅速下降，达到最大干物质重，胚的发育也达到成熟，籽粒呈该品种固有色泽和体积，种皮不易被指甲划破，摇荚时有"哗哗"的响声，即豆荚成熟。当田间出现 70% 左右的熟荚时，为成熟期。

（5）摘后期　第一批荚成熟后，又有花荚出现和成熟，如条件适宜绿豆一生中可出现 2～3 次开花高峰，一般能收获 3～4 次，多者可达 10 次。

3. 绿豆生长对环境的要求

（1）温度　喜温作物，适宜种植的范围广。平均气温稳定通过 10℃时，绿豆就能播种。绿豆发芽出苗速度随着播种温度增高而加快，平均气温在 10～14℃时需 10 天以上出苗；15℃左右时约需 10 天出苗，20℃以上时仅 3～5 天就可出苗。适宜生长的温度 18～30℃，但各生育阶段对温度的反应不同。幼苗期对低温有一定抵抗能力，分枝形成期气温要求 18℃以上生长迅速。花芽分化期 19～21℃有利于花器发育，开花后及灌浆期需要 26～30℃的温度。绿豆耐高温，通常在 30℃左右时绿豆的生长健壮，形成花荚多，荚果生长快，粒大粒饱，色泽好。温度过高，茎叶生长过旺，开花结荚数少。一般温度低于 20℃ 或高于 30℃，不能开花结荚。结荚成熟期要求晴朗干燥的天气。生育后期抗冻能力比大豆弱，气温降至 0℃，植株就会冻死。植株上的种子发芽率也降低。

（2）水分　绿豆较耐旱，有"旱绿豆，涝小豆"之说。绿豆在田间最大持水量低于 50% 时也能出苗、开花结荚。但适宜的土壤含水量有利于生长发育，提高产量。据文献，绿豆每形成 1 克干物质需要耗水 600 克。绿豆苗期需水量少，花期需水量多，从分枝到开花日均耗水量达 4.5～5.8 毫米，是苗期日耗水量的 2.1～3.5 倍。植株现蕾期（雌雄蕊分化期）是绿豆需水临界期，此期对水反应敏感，水分不足会造成秕荚或空壳。花荚期要求有充足的水分，田间持水量以 70%～80% 为最好，此时缺水会导致花荚败育，落花落荚，秕粒空壳，籽粒色泽和品质下降。有研究报道，绿豆在开花到成熟过程中，土壤持水量从 50% 减少到 20%，所产生的硬实会多于 90%。绿豆怕涝，土壤过湿易导致徒长倒伏，花期遇连阴雨天，落花落荚严重，田间积水 2～3 天会造成死亡。

（3）光照　短日照作物，喜光又耐阴，需要有一定的短日照条件，才能正常开花结实。日照越短，绿豆开花结实成熟越早，植株生长较矮；反之，日照延长，绿豆枝叶徒长，生育期延迟，甚至霜前不能开花。绿豆由营养生长转入生殖生长后，至花荚形成期，是绿豆个体发育的光敏感期，此期始终需要充足光照。绿豆的带绿老叶比较喜阴。生产上根据绿豆对光照的需求特点，适期播种，进行合理的间套复种。

（4）土壤　绿豆耐瘠性强，对土质要求不严，从沙土到黏重土壤都能生长。但以土层深厚、疏松、透气性好、富含有机质、排水良好、保水力强的中性或弱碱性壤土最好。绿豆栽培最适宜的土壤 pH 值为 6.5～7.0，一般不宜低于 5.5。绿豆的耐盐性较差，以土壤含盐量不超过 0.2% 为宜。

（5）矿质营养　绿豆在瘠薄土壤上也能得到一定的产量。增施肥料能够提高绿豆产量、改善品质。一般中等生产水平，每生产 100 千克籽粒需吸收氮素 9.68 千克，磷素 0.93 千克，钾素 3.51 千克。其中除部分氮素靠根瘤供给外，其余元素要从土壤中吸收。绿豆对氮、磷、钾三种元素肥料的吸收特点是：吸氮，前期少，中期多，后期少；吸磷，前期少，中期多，后期中；吸钾，前期中，中期多，后期少。绿豆各生长发育时期的吸肥是从开花至臌粒期，对氮、磷、钾三元素的需求量最大。在栽培管理上要抓住开花前这一关键时期进行施肥。

（二）绿豆的类型和品种

1. 绿豆的品种类型

通常绿豆按株型、结荚习性、种皮颜色等分成不同品种类型。

按株型，可分为直立型、半蔓型与蔓生型 3 种类型。半蔓型与蔓生型顶部常为缠绕状，但这些生长习性不稳定，尤其是半蔓型，在不同生态条件下会变成直立型或蔓生型。

按结荚习性，可分为无限结荚和有限结荚两种类型。有限结荚类型，结荚多集中在主茎的花梗上及主茎与分枝的顶部，花梗上节间较短，常以花簇封顶。成熟比较一致的品种随着开花高峰出现的次数，可分批集中成熟；无限结荚类型，结荚较为分散，多数结荚在主茎与分枝的中上部，主茎与分枝顶端花梗较长，顶部常为缠绕状，花梗上节间较长，在生态条件适宜情况下，能延续较长时间开花结荚，荚果成熟期不一致。直立型多为有限结荚习性，半蔓或蔓生型品种多为无限结荚习性。

绿豆种皮通常绿色，也有黄、棕褐、黑、青蓝等色。有的品种种皮表面无光泽，俗称毛绿豆；有的种皮表面有蜡质，有光泽，俗称明绿豆。

2. 绿豆的主要良种

（1）通绿 1 号　江苏沿江地区农业科学研究所育成，2011年江苏省鉴定。属早熟绿豆品种，适宜江苏省绿豆产区种植。2008—2009 年参加江苏省夏播鉴定试验，两年平均亩产 131.5千克，较对照苏绿 1 号增产 7.8%，两年平均增产达极显著。2010 年生产试验平均亩产 126.8 千克，较对照苏绿 1 号增产15.0%。出苗势强，幼苗基部紫色，生长稳健，叶片椭圆形，叶色深。植株直立，有限结荚习性。浅黄花，成熟荚深褐色，羊角形。籽粒短圆柱形，种皮绿色，有光泽，脐淡白色，商品性好。成熟时落叶性好，不裂荚。两年鉴定试验平均：生育期 84 天，比对照短 6 天，株高 54.5 厘米，主茎 12.1 节，有效分枝 3.9个，单株结荚 30.5 个，荚长 9.4 厘米，每荚 9.7 粒，百粒重6.2 克。

（2）苏绿 3 号　江苏省农业科学院蔬菜研究所育成，2011年江苏省鉴定。属中熟绿豆品种，适宜江苏省绿豆产区种植。2008—2009 年参加江苏省夏播鉴定试验，两年平均亩产 122.1千克，与对照苏绿 1 号相当。2010 年生产试验平均亩产 116.0千克，较对照苏绿 1 号增产 5.2%。出苗势强，幼茎紫色，生长稳健，叶片中等大小，叶色深。株型较松散，直立生长，有限结荚习性。花浅黄色，荚羊角形，成熟荚黑色。籽粒圆柱形，种皮淡黄色光泽强，商品性优良。成熟时落叶性较好，不裂荚。两年鉴定试验平均：生育期 88.5 天，比对照短 1 天，株高 87.6 厘米，主茎 14.8 节，有效分枝 3.8 个，单株结荚 26.4 个，荚长8.8 厘米，每荚 9.1 粒，百粒重 6.7 克。

（3）苏绿 2 号　江苏省农业科学院蔬菜研究所育成，2011年江苏省鉴定。属早熟绿豆品种，适宜江苏省绿豆产区种植。2008—2009 年参加江苏省夏播鉴定试验，两年平均亩产 136.9

千克，较对照苏绿 1 号增产 12.2%，2009 年增产极显著。2010
年生产试验平均亩产 131.7 千克，较对照苏绿 1 号增产 19.4%。
出苗势强，幼茎紫色，生长稳健，叶片中等大小，叶色深绿。株
型较松散，直立生长，有限结荚习性。花浅黄色，荚羊角形，成
熟荚黑色。种皮绿色，籽粒光泽强，脐色白，籽粒短圆柱形，商
品性优良。成熟时落叶性较好，不裂荚。两年鉴定试验平均：生
育期 84 天，比对照短 6 天，株高 59.8 厘米，主茎 12.0 节，有
效分枝 3.7 个，单株结荚 34.0 个，荚长 9.1 厘米，每荚 9.6 粒，
百粒重 5.7 克。

（4）苏绿 1 号 江苏省农科院经济作物研究所于 1998 年从
亚洲蔬菜研究与发展中心亚洲区域中心绿豆中系统选育而成，原
品系号"VC2768A"。该品种株高 75~80 厘米，有限结荚习性，
单株分枝 4~5 个，单株结荚 28~30 个，每荚 10~11 粒。种子
千粒重 60~65 克，种皮绿色，光泽强，易煮熟，口感好，全生
育期夏播 65~70 天。一般每亩产量 200 千克，比农家品种增产
60%~70%。该品种还具有以下特点：①抗倒伏，易收获。该品
种有限结荚习性，抗倒伏，不游藤，不裂荚，如调节播种期和使
用植物调节剂，可进行机械化收获。②种子商品性好。种子粒重
比农家种大 1 倍，种子光泽强，商品性好。③易煮熟，口感好。
如用于煮绿豆稀饭，不必浸泡，可与大米同时入锅，且味道香、
口感佳。

（5）中绿 5 号 中国农业科学院作物研究所育成。该品种
抗叶斑病、早熟，夏播生育期 70 天左右。株高约 60 厘米，植株
直立，抗倒伏。主茎分枝 2~3 个，单株结荚 20 个左右，多的在
40 个以上，结荚集中，成熟后一直不炸荚，适于机械收获。成
熟荚黑色，荚长 10 厘米左右，每荚 10~12 粒种子，粒粒饱满、
碧绿有光泽，百粒重 6.5 克左右，一般亩产 100~150 千克，高
产的在 200 千克以上。抗叶斑病、白粉病、耐旱、耐寒性好；在

我国各绿豆产区都能种植，不仅适宜麦后复播，还可与玉米、棉花、甘薯等作物间套种。

（6）中绿 2 号　中国农业科学院品种资源所从国外引进。该品种早熟，夏播 65 ~ 70 天即可成熟。植株直立抗倒伏，幼茎绿色，株高 50 厘米，主茎分枝 2 ~ 3 个，单株结荚 25 个左右。成熟荚深褐色，荚长 10 厘米。结荚集中，成熟一致，成熟时不炸荚，适合机械化收获。籽粒碧绿有光泽，商品价值高，百粒重 6 克左右，其豆芽适口性好，芽色白嫩，芽粗、根短。丰产稳产性好，产量高于或相当于中绿 1 号，但抗逆性强，耐湿、耐荫、耐干旱性优于中绿 1 号。抗早衰，较抗叶斑病。适应性广，在我国各主要绿豆产区均可种植，不仅适合在麦后复播，还可与玉米、棉花、甘薯等作物间作套种。

（7）中绿 1 号　中国农业科学院品种资源所从亚洲蔬菜研究与发展中心引进，全国绿豆产区均可种植。该品种在北京地区夏播生育期 85 天左右，株型紧凑、直立，结荚集中在冠层，成熟一致，不裂荚、稳产、高产、耐旱、抗倒、抗早衰，较抗叶斑病，适应性广，粒大，品质好，商品价值高。蛋白质含量 23.2%，脂肪含量 0.87%，总淀粉 50.1%。缺点是不抗涝，不抗绿豆象。

（三）绿豆优质高产栽培

1. 整地施肥

应选择中等肥力的田块种植，沙壤、轻沙壤土均可，高产栽培时以耕层深厚、有机质丰富的田块为宜，前茬宜选用禾本科作物茬。由于绿豆幼苗顶土力弱，主根根、侧根多，播种前应精细整地，做到深耕细耙，耕层要求上虚下实无土块，地平土碎。

绿豆的肥料施用，以农家肥等有机肥为主，无机肥为辅。在施足基肥的基础上，适当追肥。一般每亩施用有机肥 2 000 ~

2 500千克、25%复合肥40千克（或45%复合肥30千克）作基肥。

2. 播期确定与品种选择

绿豆生育期短，播种适期长，既可春播也可夏秋播，露地种植时当地温达16~20℃时即可播种。中国南方（以秦岭、淮河为界，不包括西南地区）绿豆的播种期可从3月20日至8月1日，但广东、广西和福建等省区由于冬季来临时间较迟，可根据具体情况适当推迟7~14天种植。早播情况下，宜选用中熟品种，如"中绿1号""苏绿1号"等；迟播或套作时，宜选用生育期较短的早熟品种，如"苏绿3号"等。在江苏，江淮地区可从4月中旬播至8月5日，淮北地区可播至7月底，这段时间内只要有适宜茬口均可种植，最适宜播期为6月上中旬，可于6月10~15日播种。

3. 种子处理

一是晒种。在播种前选择晴天，晾晒种子1~2天，可增强种子活力，提高发芽率。二是擦种。通过对种子摩擦处理，使种皮稍有破损，增加其吸水能力，有利于出苗。三是拌种、浸种。可用根瘤菌接种或用钼酸铵拌种。用根瘤菌接种时，每亩用量100克。用钼酸铵拌种时，1千克种子用钼酸铵5克，先用热水将钼酸铵溶解，再加入冷水稀释，均匀喷洒在种子上，边喷边拌，种子阴干后备用。或者用0.1%~0.2%的钼肥水浸种12小时。

4. 播种

绿豆的播种方法有条播、穴播和撒播。播种量要根据品种特性、气候条件和土壤肥力，按照"肥地宜稀、薄地宜密、晚熟品种宜稀、中早熟品种宜密"的原则，一般播种量要保证在留苗数的2倍以上。播量过大，幼苗拥挤，易形成弱苗；播量过小，会造成缺苗断垄。江苏等地，通常情况下，春播每亩留苗

6 400 株左右，行距 70 厘米、穴距 15 厘米，夏播每亩留苗 8 000 株左右，行距 50 厘米、穴距 16 厘米，每穴播种 2~3 粒，每穴留苗 1 株，每亩用种量 1~1.5 千克。播种深度对出苗率影响很大，要根据土壤状况、水分和种子大小及播期等因素而定，一般播深 3~5 厘米。

5. 间苗、中耕

合理间苗。通常植株第一片复叶展开后间苗，第二片复叶展开后定苗。按既定密度要求，去弱苗、病苗、小苗、杂苗，留壮苗、大苗。

精细中耕、及时除草。绿豆生长初期，田间易长杂草，一般在开花封行前中耕 2~3 次。第一次结合间苗进行浅耕，第二次结合定苗进行中耕，到分枝期结合培土进行第三次中耕，有条件的地方可以使用除草剂，在绿豆播种后出苗前用除草剂都尔进行封闭，绿豆对除草剂比较敏感，要严格控制用量，以防药害。

6. 肥水管理

在施足基肥的基础上，开花期每亩施用尿素 10~15 千克作促花肥。

绿豆对水分反应较敏感，不同的水分条件有不同的产量收获。绿豆在苗期和三叶期表现耐旱，不耐涝，要开沟防涝；在开花与结荚期需水较多，遇旱时要适时灌水。

7. 间套作栽培

我国南方地区，绿豆多与甘薯、棉花、玉米、夏芝麻等作物间套作。生产上，常见间套作模式有：

（1）与甘薯套作　甘薯大行距（60 厘米）隔 1 沟套种 1 行绿豆，2 行甘薯种植 1 行绿豆。

（2）与棉花间作　棉花大小行种植，大行行距 80 厘米、小行行距 50 厘米，棉花播种时在大行内间作 1 行绿豆。

（3）与春玉米套作　春玉米大小行种植，大行行距 1.5 米、小行行距45厘米，玉米授粉后在大行内种植4行生长期短、株小、结荚集中的早熟绿豆。

（4）与夏玉米间作　夏玉米大小行种植，在大行内种植3行早熟绿豆。

（5）与夏芝麻混作　小麦或油菜收后，绿豆与芝麻同时混种，芝麻收获后正值绿豆盛、结荚期，光照充足，有利于绿豆生长和籽粒饱满。

（四）绿豆主要病虫害防治

1. 主要病害的防治

为害绿豆的病害主要有绿豆病毒病、绿豆叶斑病、绿豆轮纹斑病、绿豆根腐病和绿豆立枯病。

（1）绿豆病毒病　绿豆出苗后到成株期均可发病。叶上出现斑驳或绿色部分凹凸不平，叶皱缩。有些品种出现叶片扭曲畸形或明脉，病株矮缩，开花晚；豆荚上症状不明显。发病适温20℃。病毒的发生与蚜虫发生情况关系密切，尤其是高温干旱天气，不仅有利蚜虫活动，还会降低寄主抗病性。

防治措施：①选用抗病品种。②加强管理。选用无病种子，与禾本科轮作或间作套种，及时排除积水。③药剂防治。在植株现蕾期开始喷洒50%的多菌灵、或用80%可湿性代森锌400倍液，每隔7～10天喷施1次，连续喷施2～3次。

（2）绿豆叶斑病　主要为害叶片，在开花结荚期受害重。发病初期，叶片上现水渍状褐色小点，扩展后形成边缘红褐色至红棕色、中间浅灰色至浅褐色近圆形病斑。湿度大时，病斑上密生灰色霉层。病情严重时，病斑融合成片，很快干枯。高温高湿有利于该病发生和流行。轻者减产20%～50%，严重的高达90%。

防治措施：①选无病株留种。②加强管理。播前用45℃温水浸种10分钟，发病田块在绿豆收获后进行深耕，有条件时实行轮作。③药剂防治。发病初期，可用50%多霉威（多菌灵加乙霉威）可湿性粉剂1 000～1 500倍液，或用75%百菌清可湿性粉剂600倍液，或用12%绿乳铜乳油600倍液等喷施，每隔7～10天喷施1次，连续喷施2～3次。

（3）绿豆轮纹斑病　感病植株下部叶片出现紫色病斑，然后上部叶片逐渐出现病斑，直径3～15毫米，后中央变成灰褐色，微具同心轮纹。上面着生无数小黑点，此病还可危害茎秆、豆荚和豆粒。天气温暖高湿、或过度密植株间湿度大，均利于病害发生。偏施氮肥导致植株长势过旺，或肥料不足出现植株长势衰弱，均可能加重发病。

防治措施：发病初期，及早喷洒33.5%必绿二号悬浮剂1 500～2 000倍液或用77%可杀保可湿性微粒粉剂500倍液、30%碱式酸铜悬浮剂400～500倍液、47%加瑞农可湿性粉剂800～900倍液等，每隔7～10天喷洒1次，连续喷施2～3次。

（4）绿豆根腐病　发病初期，幼苗下胚轴产生红褐色到暗褐色病斑，皮层裂开，呈溃烂状。严重时病斑逐渐扩展并环绕全茎，导致茎基部变褐、凹陷、折倒。叶片凋萎，植株枯萎死亡。发病较轻时，植株变黄，生长迟缓。以4～8天的幼苗，在22～30℃时最易被病菌侵染。地势低洼、土壤水分大、地温低、根系发育不良的情况，容易发病。风雨交加的天气有助于病菌的传播蔓延。

防治措施：①加强管理。选用无病种子，与禾本科轮作或间作套种，深翻土地，清除田间病株。②药剂拌种。用种子量0.3%的50%多菌灵可湿性粉剂或用50%福美双可湿性粉剂拌种。③药剂防治。发病初期，用75%百菌清可湿粉剂600倍液、或用50%多菌灵可湿性粉剂600倍液喷洒，也可用75%五氧硝基苯拌干细土撒在绿豆根旁。

（5）绿豆立枯病　受害植株茎基部产生黄褐色病斑，逐渐扩展至整个茎基部，病部明显缢缩，致幼苗枯萎死亡。湿度大时，病部长出蛛丝状褐色霉状物。植株生长不良或遇有长期低温阴雨天气易发病，多年连作田块、地势低洼、地下水位高、排水不良发病重。

防治措施：①加强管理。实行 2~3 年以上轮作，种植密度适当，注意通风透光，低洼地应实行高畦栽培，及时排水，收获后及时清园。②药剂防治。发病初期，可用 3.2% 恶甲水剂（克枯星）300 倍液，或用 20% 甲基立枯磷乳油 1 200 倍液，或用 36% 甲基硫菌灵悬浮剂 600 倍液喷施。

2. 主要虫害的防治

为害绿豆的害虫主要有地老虎、豆荚螟、蚜虫和绿豆象等。

（1）地老虎　又称切根虫、地蚕，危害绿豆的主要是小地老虎和黄地老虎，幼虫将绿豆幼苗近地面的茎部咬断，使整株死亡。

防治措施：①农业防治。清除杂草并集中处理，消灭虫源。②药剂防治。幼虫在 3 龄前常暴露在寄主植物或地面上，每亩用毒死蜱 30~50 毫升或灭杀毙 500 倍液喷雾防治；幼虫 4 龄后采用麦麸式鲜草毒饵诱杀。

（2）豆荚螟　绿豆结荚期的主要害虫，在初荚期表现为豆荚干秕、不结籽粒，鼓荚期豆粒被虫啃食，丧失发芽能力。

防治措施：用 50% 的杀螟松乳油 1 000 倍液或杀灭菊酯 3 000 倍液喷雾，7~10 天喷 1 次，连喷 2~3 次。

（3）蚜虫　蚜虫是绿豆苗期和花期的主要害虫，蚜虫常聚集在绿豆的嫩茎、幼芽、顶端心叶、花蕊等处吸食汁液，使叶片卷曲发黄，早期脱落，影响幼苗生长和开花结荚，可使产量减少 30%。蚜虫发病与气温关系密切，在每年 6~7 月，气温高过 25℃、湿度在 60%~80% 时，为疫情高发期。

防治措施：选用生物杀虫剂功夫 800 倍液喷雾，或用 40%

乐果乳剂 1 000 ~ 1 500 倍液喷雾。每隔 7 ~ 10 天喷洒一次，一般喷施 3 次即可，注意控制用药浓度，以防发生药害。

（4）绿豆象　绿豆象是贮藏期常见的一种害虫，以蛀食豆粒为生。其成虫产卵于豆粒或嫩荚上，幼虫孵化后蛀入豆粒内危害，可将豆粒蛀食一空，使其丧失发芽能力，甚至不可食用。

防治措施：①种子入库前进行 50℃ 高温灭虫。②密闭贮藏缺氧保管。③药剂熏蒸。每 1 立方米用 1.5 克氰化钠熏蒸 48 小时，温度在 20℃ 以上时杀虫效率为 100%，不影响发芽率。

（五）绿豆集约种植生产实例

1. 蚕豆/玉米/棉花/绿豆

江苏东部沿海等地应用该模式，蚕豆种植大粒鲜食型，玉米种植鲜食糯玉米，每亩收获青蚕豆荚 600 千克、玉米青果穗 800 千克、棉花（籽棉）280 千克、绿豆 65 千克。

（1）茬口配置　2 米为一组合，秋播时于组合两侧各播一行蚕豆，翌年 5 月 20 日左右收获。玉米于 3 月 10 日左右直播在蚕豆大行中间，每个空幅播种 2 行，穴距 22 厘米，地膜覆盖，6 月中旬收获离田。5 月 20 日前在距玉米根部 70 厘米处，各移栽一行棉花，棉花株距 32 厘米。玉米收获后，在距玉米根 50 厘米种植 2 行绿豆。

（2）品种选用　①蚕豆。选用大粒型蚕豆品种，如"日本大白皮"品种。②玉米。选用优质糯玉米品种。③棉花。可选用高品质科棉系列品种。④绿豆。选用中绿系列品种。

（3）培管要点　①蚕豆。施用磷钾肥作基肥，及时施好花荚肥，适时化控，注意防治蚕豆赤斑病和蚜虫，及时采摘并拔秆离田。②玉米。施足基肥，每亩施用腐熟羊圈灰 500 ~ 750 千克，或饼肥 75 千克、复合肥 25 千克、碳铵 25 千克作基肥，每亩施用碳铵 35 千克作穗肥，及时防治病虫害，隔行去雄，适时采收。

③棉花。适时播种、培育壮苗，全生育期每亩需纯氮（N）25千克、磷肥（P_2O_5）12千克、钾肥（K_2O）15千克，在氮肥运筹上，基肥、花铃肥、盖顶肥分别占30%、55%和15%。适度调控，注重棉蚜、红蜘蛛、盲蝽象等害虫防治。④绿豆。玉米收获后及时播种，穴距10厘米，每穴播种2~3粒，每亩施用25%复合肥30~40千克作基肥，开花期每亩施用尿素10~15千克作促花肥。

2. 马铃薯/棉花/（萝卜—绿豆）

江苏苏中地区应用该模式，马铃薯采用地膜覆盖栽培，每亩收获马铃薯2 200千克，且收获期提早20天左右。夏萝卜每亩可产1 300千克，棉花不减产，正常年份能收获皮棉80千克。绿豆每亩产量40千克。

（1）茬口配置　冬前耕翻熟化，初春做成宽3.6米畦，于2月下旬移栽定植马铃薯，每畦种3个组合6行马铃薯，宽窄行配置，窄行行距40厘米，株距20厘米，每亩栽植6 000株，移栽后覆地膜。每畦套栽3个等行棉花，棉花于4月底或5月上旬进行地膜移栽，行距1.2米，株距40厘米，每亩栽植1 500株。马铃薯于5月底收获，收获后每畦播种8行夏萝卜，株距16.7厘米，每亩栽植9 500株。萝卜于7月下旬分期上市，收获后于7月底至8月5日点播秋绿豆，每畦种植6个单行，行距40厘米，穴距16.7厘米，每穴3~4粒。10月底一次性收获秋绿豆。棉花拔秆后空茬过冬。

（2）品种选用　①马铃薯。选用克新系列（脱毒）品种。②棉花。选用抗虫杂交棉品种。③萝卜。选用耐高温品种，如"夏抗40"等。④绿豆。选用生育期短的中绿系列品种。

（3）培管要点　①马铃薯。初春大田耕翻前每亩施45%复合肥40~50千克、2 000~3 000千克农家肥作马铃薯和棉花的基肥，肥料均匀撒施大田，耕翻耙匀、肥土相融后做畦。马铃薯于

1月中旬选择排水性好、背风向阳菜园田做成1.33米宽的苗床，进行双膜催芽，阴雨天气和夜间加盖草帘。当芽长2厘米左右时，于2月下旬移栽，移栽定植后覆盖地膜。当苗长4～5厘米时破膜放苗，苗根部的膜用细土填实。薯块生长初期（茎秆长到约16厘米），每亩施用50千克碳酸氢铵作薯块膨大肥。植株现蕾前，每亩用15%多效唑35克对水50千克细喷雾，控制茎叶生长，矮化植株。②棉花。棉花于3月下旬用双膜育苗，适期双膜移栽。棉花花铃初期（约7月10日），每亩用40千克尿素一次性开塘深施。适时化控以促进棉花稳长稳发。③萝卜。马铃薯5月底收获后，每亩施40千克磷酸二铵作基肥，浅翻整平耧细，条播夏萝卜。④绿豆。按规格要求适时播种，开花期每亩施用尿素10～15千克作促花肥，花荚期叶面喷施磷酸二氢钾溶液2～3次。

（六）绿豆收获

绿豆大多系无限花序，有无限结荚习性，成熟期早晚不齐，普通品种又有炸荚落粒现象。一般植株上有60%～70%的荚成熟后，应适时收摘。以后每隔6～8天收获一次，效果较好。对大面积生产的绿豆，应选用熟期一致，成熟时不炸荚的绿豆品种，当70%～80%豆荚成熟后，在早晨和傍晚时收获。收下的绿豆应及时晾晒、脱粒、清洗、熏蒸后，贮藏于冷凉干燥处。

六、小豆高产高效栽培

　　小豆系豆科豇豆属植物，又名赤豆、红豆、红小豆等，它起源于中国。小豆是高蛋白、低脂肪医食两用作物，营养成分丰富。据测定，小豆蛋白质含量为 16.9% ~ 28.3%，总淀粉含量为 41.8% ~ 59.9%（其中直链淀粉含量 8.3% ~ 16.4%），蛋白质中人体必需的 8 种氨基酸的含量高于禾谷类作物 2 ~ 3 倍。小豆以直接食用为主，直接食用时通常是与大米、小米等煮粥做饭。小豆可以加工成多种食品，如小豆粥、小豆羹、小豆馅、各种糕点、豆饴等。随着居民生活水平提高，小豆在食品加工和饮食业中用途越来越广泛。小豆还具有较高的药用价值，主治水气肿胀、痢疾、肠痔下血、牙齿疼痛、乳汁不通、痈初作、腮颊热肿、丹毒如火、小便频数、小儿遗尿十类病症。小豆含有较多的皂草苷，可刺激大肠，具有通便、利尿作用，对心脏病和肾病有疗效，每天吃适量小豆可净化血液，解除心脏疲劳。小豆含有较多的纤维，不仅可以通气、通便，还可以减少胆固醇。现代医学还证实，红小豆对金黄色葡萄球菌、福氏痢疾杆菌及伤寒杆菌都有明显的抑制作用。小豆的茎叶和加工后的副产品含有丰富养分，是饲喂牛、羊和家禽的优质饲料。小豆根系长有根瘤，固氮能力强，被称为良好的"肥茬"，在农田轮作中占有较重要的地位。

（一）小豆的栽培特性

1. 小豆的形态特征

（1）根　　直根系，根系由主根、侧根、须根、根毛和根瘤组成。种子发芽时，下胚轴延伸，长成胚根，胚根继续生长，形成主根。主根深度 50 厘米，最长可达 80 厘米。侧根从主根上生出后，向下斜方向生长，入土深度 30～40 厘米，侧根上生有侧根。主根和侧根的顶端生有根毛，是小豆吸收土壤中养分与水分的主要器官。小豆根系主要分布在 20 厘米以内的耕作层中。0～10 厘米土层中的根量占总根量的 75% 左右，10～20 厘米的根量占总根量的 15% 左右，而 20 厘米以下的根量不足总根量的 10%。小豆根系能与根瘤菌共生，固定空气中的氮素。当第 1 对真叶展开时，在子叶下部主根周围开始着生根瘤，当长出第1～2片复叶时，在主根周围、侧根基部根瘤已相当明显。

（2）茎　小豆上胚轴延长形成茎。幼苗时为多边形，以后发育成圆筒形。多数品种的茎为绿色，少数为紫色。茎上披有短绒毛，绒毛颜色多为黄绿色，也有少数品种茎光滑，无绒毛或少绒毛。从第 1 对真叶节到主茎顶端的高度为株高，株高因品种、栽培地区、气候条件、土壤肥力而异，一般栽培品种为 30～180厘米。小豆的茎分为直立、蔓生和半蔓生 3 种类型。直立型品种株高 30～60 厘米，早熟品种多为此类型。蔓生品种株型高大，株高在 100 厘米以上。半蔓生型介于直立与蔓生型之间。植株茎节数一般为 15～20 节，同一品种在不同气候和栽培条件下，主茎的节数变化较大。每节的叶腋内有芽，中下部长出的芽多形成分枝。上部长出的芽多形成花芽。小豆幼苗一般在长出 4～5 片复叶时开始出现分枝，主茎上长出的分枝为一级分枝，一级分枝上长出的分二级分枝，依次类推。一般品种一级分枝数 4～5 个，少的 2～3 个或更少，多的可达 8～10 个。分枝数的多少与品种、播期、密度、肥力水平等因素有关。

（3）叶　小豆的叶分为子叶和真叶。真叶包括单叶及三出复叶。小豆子叶不出土，子叶中贮藏着丰富的养分，是小豆幼苗生长的重要营养来源。子叶以上的节上长出两片对生的单叶，单叶为卵圆形，个别品种为披针形。复叶由托叶、叶柄、叶片组成。托叶两片，宽0.3厘米、长1厘米左右。托叶外侧被稀疏白色短绒毛，着生在叶柄基部两侧，具有保护腋芽的作用。叶柄长15~25厘米，为不规划多边形，沿叶柄内侧有一规则的长槽。叶柄具有支撑叶片、输送养分、调节叶片对光能的利用等作用。叶片通常由3片小叶组成。小叶多为卵圆形、心脏形或剑形，叶片两面都被有绒毛。每个小叶基部内侧着生一对0.3~0.5厘米长的线形叶耳。三出复叶一般顶端的叶片较小，基部两侧的两片叶较大，小叶长0.7~1.2厘米、宽0.6~1厘米。叶片形状和大小因品种而有一定差异。叶片颜色分深厚、绿和浅绿色。

（4）花　总状花序。在主茎或分枝的叶腋间，一般可长1~2个总花梗。花梗长4~7厘米，着生多枚小花，一般为2~6朵。花由苞叶、花萼、花冠、雄蕊和雌蕊组成。花黄色，花冠颜色的浓淡因品种而异。花柄很短，花萼短钟状，基部联合，上部有5个萼齿，黄绿色。蝶形花冠，花瓣5枚。外部最大的1枚为旗瓣，先端有缺刻，中部具有突起。翼瓣2枚，长于旗瓣之上，不对称，分布于龙骨瓣两侧，弯月状。内侧为2枚龙骨瓣中，共10枚，为二体雄蕊（9＋1）。雌蕊花柱上部有绒毛，花柱顶端扁平扩大呈盘状柱头，无柄。花药着生在花丝的顶端，花粉球形，具有网纹。子房无毛。小豆为自花授粉作物，自然杂交授粉率很低，一般不超过1%。

（5）果实　小豆的荚由胚珠受精后的子房发育而成。荚的形状有圆筒形、镰刀形和弓形，先端稍尖，种子间有缢痕，无绒毛。荚长5~14厘米，宽0.5~0.8厘米。每个荚梗上结荚1~5个，未成熟的荚绿色，少数带有红紫色，成熟后的荚有黄白、浅褐、褐、黑4种颜色，大多数为黄白色。荚皮较厚，不透明，每荚有种子4~11粒。种子由种皮和胚组成。种子一般长0.4~0.5厘米、宽0.3~0.4厘米。种子两端为楔形或圆形。粒形分为短圆柱、长圆柱和球形 3 种。种脐白色，长度约为种子长度的一半。种皮颜色有红、白、黄、绿、褐、黑、花纹和花斑（双色）等。生产上以红小豆和白小豆为主，特别是红小豆，是国内外市场上销售的主要类型。种子百粒重 6 克以下为小粒，6 ~ 12 克为中粒，12 克以上为大粒。小豆常有不易吸水萌发的硬实粒，硬实粒的多少与品种、环境等因素有关。

2. 小豆的生育周期

小豆一生可分为苗期、分枝期、开花结荚期和鼓粒成熟期等 4 个时期。

（1）苗期　小豆植株从出苗至第一分枝出现的这一段时间，叫做苗期。小豆苗期约 30 天，因品种、生长环境和栽培条件不同而有差异。

（2）分枝期　小豆植株从第一分枝形成到第一朵花出现为分枝和花芽分化期，简称分枝期。分枝期长短各品种不一，一般为 30 ~ 40 天。

（3）开花结荚期　当田间有一半小豆植株上出现第一朵花时，为蕾花期，当田间幼荚长度达 2 厘米以上的植株占 50% 以上时为结荚期。小豆出苗后 60 ~ 70 天开始开花，自现蕾到开花需 4 ~ 6 天，小豆开花后 2 ~ 3 天长出嫩荚。花最先出现在主茎复叶面积最大的叶腋间。

（4）鼓粒成熟期　当田间有一半小豆植株上豆荚果面豆粒明显鼓起的日期为鼓粒期，当种子变硬，呈现品种的固有形状和色泽时，即为成熟。

3. 小豆生长对环境的要求

（1）温度　喜温作物，适应范围广。种子在 8 ~ 10℃ 时即可发芽，种子最适宜的发芽温度为 14 ~ 18℃，当 5 厘米地温稳定 14℃ 以上时即可播种。开花结果适温为 20 ~ 30℃，低于 16℃ 时会影响花芽分化，导致开花数量减少，并影响结荚。

（2）水分　耐湿性好，农谚"旱绿豆、涝小豆"。但不是越湿越好，如果土壤水分过多，通气不良，会影响根瘤发育；空气湿度过大，也会降低小豆品质。在小豆整个生长发育过程中，苗期叶面积小，蒸腾量少，较耐干旱；花芽分化后需水量逐渐增加，开花结荚期进入需水高峰，也是小豆需水关键时期。土壤水分不足或遇天气干旱，会影响植株的正常生长，造成大量落花落荚、秕荚小粒。成熟期间则要求气候干燥，如遇有阴湿多雨天气，则易造成荚实霉烂。

（3）光照　短日照作物。日照时间越短，开花成熟越提早，植株变矮，生物产量降低。小豆品种对光照长短的要求有很大差异，一般中晚熟品种反应敏感，早熟品种较迟钝。小豆不同生育阶段对光照反应也有很大差别，一般苗期影响最大，开花期次之，结荚期影响最小。

（4）土壤　小豆对土壤要求不严格，可在各类土壤中种植，在轻盐碱地上也能生长。但以排水良好、保水保肥力强、富含腐殖质中等肥力的中性黏壤为宜，适宜的土壤 pH 值 6.3 ~ 7.3。夏播或无霜期较短的地区，以选择轻壤土为好；春播区或生长季节较长的地方，以选择黏土或壤土为好。

（二）小豆的类型和品种

1. 小豆的品种类型

我国小豆种质资源丰富，类型多样。

根据栽培制度和种植季节，可分为春播、夏播和秋播小豆。

根据籽粒粒色，可分为红小豆、白小豆、绿小豆、花纹小豆、花斑小豆、黑小豆、橙色小豆和褐黄小豆等。

根据籽粒大小，分为小粒种（百粒重小于6g）、中粒种（百粒重为 6 ~ 12g）和大粒种（百粒重大于12g）。

根据植株结荚习性，可分为有限结荚和无限结荚。

根据生长习性，分为直立、蔓生和半蔓生三种类型。

2. 小豆的主要良种

（1）苏红 1 号　江苏省农业科学院蔬菜研究所育成，2011年江苏省鉴定，属中熟小豆品种，适宜在江苏省小豆产区种植。2008—2009 年参加江苏省夏播鉴定试验，两年平均亩产 107.3千克，较对照大红袍增产 6.0%。2010 年生产试验平均亩产98.6 千克，较对照增产 21.1%。出苗势强，幼苗基部无色，生长稳健，叶卵圆形，叶片中等大小，叶色深。株型较松散，直立生长，有限结荚习性。荚圆筒形，成熟荚黄白色。粒形长圆柱形，种皮红色，脐色白，商品性较好。成熟时落叶性较好，不裂荚。两年鉴定试验平均：生育期 88 天，比对照短 1 天，株高54.0 厘米，主茎 15.0 节，有效分枝 6.3 个，单株结荚 23.4 个，荚长 7.1 厘米，每荚 5.9 粒，百粒重 14.9 克。

（2）苏红 2 号　江苏省农业科学院蔬菜研究所育成，2011年江苏省鉴定，属中熟小豆品种，适宜在江苏省小豆产区种植。2008—2009 年参加江苏省夏播鉴定试验，两年平均亩产 109.3千克，较对照大红袍增产 8.0%。2010 年生产试验平均亩产92.8 千克，较对照增产 14.0%。出苗势强，幼苗基部无色，生长稳健，叶片中等大小，叶色深。株型较松散，直立生长，有限结荚习性。黄色花，荚圆筒形，成熟荚黄白色。粒形短圆柱形，种皮红色，脐色白，籽粒光泽强，商品性较好。成熟时落叶性较好，不裂荚。两年鉴定试验平均：生育期 87.5 天，比对照短 1天，株高 51.4 厘米，主茎 15.2 节，有效分枝 6.2 个，单株结荚22.3 个，荚长 6.8 厘米，每荚 6.3 粒，百粒重 12.8 克。

（3）通红 2 号　江苏沿江地区农业科学研究所育成，2011年江苏省鉴定，属晚熟小豆品种，适宜在江苏省淮南小豆产区种植。2008—2009 年参加江苏省夏播鉴定试验，两年平均亩产105.6 千克，较对照大红袍增产 4.4%，2008 年增产极显著。

2010 年生产试验平均亩产 97.2 千克，较对照增产 19.4%。出苗势强，幼苗基部无色，生长稳健，叶片卵圆形，叶色深。植株直立生长，有限结荚习性。花浅黄色，成熟荚黄白色，荚圆筒形。籽粒短圆柱形，有光泽，种皮红色，脐白色，商品性较好。成熟时落叶性较好，不裂荚。两年鉴定试验平均：生育期 98.5 天，比对照长 10 天，株高 73.2 厘米，主茎 15.6 节，有效分枝 8.4 个，单株结荚 24.2 个，荚长 7.5 厘米，每荚 6.5 粒，百粒重 13.8 克。

（4）淮安大粒 1 号　江苏省农业科学院蔬菜研究所用京农 5 号与地方品种崇明红小豆杂交育成，早熟种。有限结荚习性，株型紧凑，直立生长。夏播株高 40 厘米。幼茎无色，叶卵圆形，中等大小，花中黄色。荚圆筒形，成熟荚黑色。平均单株结荚 22～32 个，主茎分枝 3～4 个，平均每荚 8 粒。种皮红色，脐色白，粒形长圆柱形，光泽强，百粒重 14.8 克。春播全生育期 95 天、夏播 69 天。结荚集中，成熟一致，不炸荚，适于一次性收获。抗倒伏，耐瘠耐盐碱，耐旱性较强。一般每亩产量 135 千克左右。

（5）盐城小豆 1 号　江苏省农业科学院蔬菜研究所从启东地方品种大红袍系选育成，早熟种。有限结荚习性，株型紧凑，直立生长。夏播株高 65 厘米。幼茎无色，叶卵圆形，中等大小，花中黄色。荚圆筒形，成熟荚黑色。平均单株结荚 28～30 个，主茎分枝 4～5 个，平均每荚 8.5 粒。种皮红色，脐色白，粒形长圆柱形，光泽强，百粒重 14.7 克。春播全生育期 93 天。结荚集中，成熟一致，不炸荚，适于一次性收获。抗倒伏，耐瘠耐盐碱，耐旱性较强，品质好。一般每亩产量 160 千克左右，高产田块可达 185 千克。

（6）启东大红袍　江苏省南通市优良地方品种，在江苏南通、盐城和上海崇明等地有较大面积的种植。该品种对光周期不敏感，春夏均可播种。夏播全生育期 130 天左右。株型蔓生或缠绕，根系发达，主根入土深（可达 50 厘米以上），侧根较多，主要分布在表土 30 ~ 40 厘米。攀缘蔓生茎，环境适宜时可伸展到 100 厘米以上，主茎 18 节左右，呈左旋缠绕。主茎有效分枝 5.8 个，单株结荚 36 个，荚果圆筒形、嫩绿色，荚长 8 厘米、宽 0.6 厘米左右，老熟荚果黄褐色。每荚含种子 5 ~ 10 粒。种子圆柱形，粒色鲜红，百粒重 16 ~ 20 克，皮薄肉厚，质地细腻。纯作田块，一般每亩产量 120 千克；与玉米等高秆作物间作，每亩产量 90 千克左右。

（三）小豆优质高产栽培

1. 选地与整地

小豆生产基地应选持前两茬未种过豆科作物的地块，以控制豆类作物根腐病等为害，防控豆类作物连作障碍。通过水旱轮作，可减少病、虫、草害的发生基数，实现小豆的优质高产。

整地可消灭多年生杂草，为种子萌发和根系生长创造良好的环境。整地主要包括耕地、耙地及耱地。耕深 20 ~ 30 厘米为宜。春播区耕地后要及时进行耙、耱，使土壤表层细碎平整，以达到保墒目的。

由于小豆比较耐阴，生产上常采用间作、套种等方式种植，例如在江苏沿江等地，小豆大多与玉米间作或套种，玉米秆可作为小豆攀爬的支架，从而有利于提高生产效益。

2. 播种

（1）种子处理 播种前精选种子，剔除不饱满的、秕瘦的、有病虫的、霉变的籽粒，选出饱满籽粒作种用。及时晒种，并测定种子的发芽率，以确定实际用种量。在有条件的地方还可进行根瘤菌接种。

（2）播种期 适期播种是实现小豆高产的一项重要措施。

播期应在满足小豆对光照、温度这两个基本要求的前提下，结合当地的气候条件、耕作制度和品种特性而定。一般以耕层地温稳定在 10 ~ 14℃时播种为宜。在江苏江淮之间，小豆播种期可从 4 月中旬至 7 月底。

（3）密度确定　种植密度的确定，主要根据生产条件、品种特性和土壤肥力高低来决定，种植过密或生长过于繁茂时，不仅影响开花结荚，也容易影响籽粒商品性。江苏等地小豆纯作时，春播区每亩 6 000 ~ 8 000 株，行距 65 ~ 70 厘米，株距 15 ~ 18 厘米；夏播区每亩 10 000 株左右，行距 45 ~ 60 厘米，株距 10 ~ 12 厘米。生产上，应掌握直立型品种宜密、蔓生品种宜稀、高肥地力的宜稀、低肥地力的宜密。

（4）种植方式　常见的有条播和穴播两种。条播适于平作区，人工开沟撒播种子或机械播种。条播速度快且单株留苗，植株分布均匀。穴播则适于间作套种，方便且不影响主栽作物，一般穴留苗 2 ~ 3 株。有试验显示，双株穴播既利于通风、防止倒伏，又能保证密度、增加产量。由于小豆的子叶不出土，播种不宜过深。播种深度一般以 3 ~ 5 厘米为宜，春播可适当深些，夏播可适当浅些。播种后及时镇压，以利全苗。

3. 田间管理

（1）间苗、定苗　出苗后出现缺苗断垄应及时补苗移栽保证全苗。间苗宜早不宜迟，一般在 1 叶 1 心至 2 叶 1 心时进行，3 ~ 4 片叶时定苗。

（2）中耕锄草　中耕在植株开花前进行，一般中耕 2 ~ 3 次，第一次在 2 叶至 4 叶期，结合间、定苗浅耕一遍，以破除板结、铲除杂草或提高地温、增强根瘤菌活动能力。分枝期深耕第二遍，开花前期即封垄前进行第三次浅耕，同时进行培土，以起到增根防倒伏的作用。

（3）水肥管理　小豆为固氮作物，耐瘠性较强，一般在中等肥力以上的地块无需施肥。但在瘠薄地上，要获得高产，必须适时施肥。小豆的施肥原则为重施磷肥和农家肥，巧施氮肥，增加微量元素肥料施用。施肥的方式有基肥、追肥和叶面喷肥等。生产上，每亩施用 2 000千克优质农家肥作基肥，播种时每亩可施用 10 千克磷酸二铵或复合肥作种肥，初花期根据苗情、地力可适当追施一些氮肥。在生育后期，用磷酸二氢钾或微量元素进行叶面喷施，也有一定的增产效果。小豆现蕾期和结荚期为需水高峰期，在天气干旱导致植株叶片明显披垂时，应在下午采用沟灌法灌水一次，待畦面有薄水层时，立即排除积水。整个生育期中，田间不能出现渍水现象，多雨情况下应及时清沟排水。

（四）小豆主要病虫害防治

1. 主要病害的防治

小豆主要病害有锈病、叶斑病、白粉病、病毒病等。

（1）小豆锈病　主要为害叶片，严重时侵染到茎和豆荚等部位。侵染初期有苍白褪绿小斑点，逐渐在小斑点上产生黄白色略突起的堆状物，有时周围有褪绿连晕圈。病斑堆的表皮破裂后散出黄褐色粉末，这次粉末能够继续侵染其他健康叶片，这样病害在田间不断蔓延。在小豆生长后期，锈病产生的堆状物会散发出深褐色粉末，这些粉末将成为来年的初始侵染病源。此病多在 7~8 月的高温多雨季节里发生，条件适宜时病情发展很快，严重时叶茎提前枯死，造成严重减产。

防治措施：发病初期，用15%的粉锈宁可湿性粉剂 1 000倍液，或有石硫合剂喷施。

（2）小豆叶斑病　主要为害叶片。病斑散生，形状不规则，大小不一。病斑中部灰白色，边缘红褐色。此病多发生在多雨季节，当温度在 25~28℃、相对湿度在 85%~90% 时，病情发展严重时，造成碎叶、落叶，影响产量。

防治措施：在发病初期，用50%多菌灵可湿性粉剂1 000倍液、或50%苯来特可湿性粉剂1 000倍液，或用80%代森锌可湿性粉剂400倍液喷施，间隔7~10天用药一次，连喷2~3次。

（3）小豆白粉病 主要为害叶片，也可侵染茎和荚。在温度适中（22~26℃）、相对湿度较大（80%~90%），特别是昼暖夜凉有露水的潮湿环境下，发病严重。此病在叶片上出现小而分散、褪绿的病斑，病斑逐渐扩大并为白粉病覆盖，最后覆盖全叶，后期在病斑上可见黑点状子囊壳。严重时叶片呈蓝白色，重病叶可枯萎。此病害在9月易发生。

防治措施：发病初期，可用25%粉锈宁可湿性粉剂2 000倍液，或用50%苯来特可湿性粉剂2 000倍液，或用75%百菌清可湿性粉剂500~600倍液喷施。

（4）小豆病毒病 包括黄花叶病毒病、斑驳病毒病和芽枯病毒病，通常多为黄花叶病毒病，叶脉间呈现黄化褪绿，进而缩叶，植株矮化。斑驳病毒侵染叶片出现斑块黄化失绿。芽枯病毒病从植株顶部主茎或分枝生长点部分开始生病，最后顶部发褐枯死。病毒病往往几种病毒交叉在一起，并引发其他病害。病原主要由种子和田间传播侵染，蚜虫、茶褐螨及其蝉类害虫是主要的传播者。此病在高温干旱的气候条件下容易发生。

防治措施：重点是防治传播此病的虫害，避免继发感染，不然会引起田间病害蔓延。

2. 主要虫害的防治

为害小豆的虫害主要有蚜虫、红蜘蛛、茶褐螨和豆野螟等。

（1）蚜虫 为害小豆的蚜虫有豆蚜、桃蚜和长管蚜。蚜虫喜温暖干燥的气候，平均温度在22℃左右、相对湿度在78%以下繁殖较快，为害较重。蚜虫常在小豆顶芽、嫩叶和青荚上群居，吸取叶汁，使幼苗嫩叶蜷缩，严重时使植株萎缩。迁飞的有翅蚜常传播病毒。

113

防治措施：①药剂拌种。药剂拌种可以减少蚜虫的为害，播种前用40%甲基异柳磷乳剂按种子重量的0.2%～0.3%拌种，可防治苗期蚜虫，同时兼治苗期的某些其他害虫。②喷药防治。当田间点片发生蚜虫、天敌较少、温湿度适宜时，可喷施40%乐果乳油500倍，或用10%吡虫啉可湿性粉剂2 000～3 000倍液，或用2.5%联苯菊酯乳油3 000倍液等。在成虫盛发期，可选用15%唑蚜威乳油4～6毫升/亩，或用2.5%氟氯氰菊酯乳油20～30毫升/亩，或用40%氧乐果乳油40～50毫升/亩，对水40～50千克，均匀喷雾。

（2）红蜘蛛　常群集在叶的下表面吸食叶汁，被危害的叶片表面呈现黄色或白色的小斑点，继而叶片褪绿，严重时叶片发红，田间植株成片死亡。由于红蜘蛛能织丝网，覆盖其生活和繁衍的地方，虫害严重时喷洒的农药很难接触到群体。

防治措施：早期防治，可用40%三氯杀螨醇1500倍液和杀螨特莱农药，重点喷施叶下表面；在无风时，喷洒80%敌敌畏1 000倍液，或施放烟雾。

（3）茶褐螨　在连阴雨天、湿度大、光照弱、气温适中的环境中繁殖快。发生最适条件为气温16～23℃、相对湿度80%～90%，在高温低湿时为害严重。此螨体态小，体长仅0.2毫米，淡绿或淡黄色，肉眼看不见，早期难以发现。若虫或成虫居息在叶下表面，吸取叶汁。受害叶片初期叶绿体败坏呈淡绿色，严重时叶片呈暗褐色。此螨常常携带黄化病毒，虫、病并发时叶片黄化，致使植株不能开花，损失严重。

防治措施：多采用杀螨剂等类型药剂防治，用药量参见红蜘蛛的防治。

（4）豆野螟　喜高温高湿气候，对夏播小豆为害较重。以幼虫为害豆叶、花及豆荚，早期造成落荚，后期种子被食，蛀孔堆有腐烂状的绿色粪便。幼虫还能吐丝缀卷几张叶片并在内取食叶肉，以及蛀害花瓣和嫩茎，造成落花、枯梢，对产量和品质影响很大。

防治措施：①农业防治。在化蛹高峰期，结合抗旱放水灭蛹能收到一定的效果。人工摘除虫蛀花蕾和虫蛀荚是减少田间虫口密度的重要方法，但摘除时须仔细，摘除的虫蛀花、蕾、荚要集中处理。及时清除田间落花、落荚，集中烧毁。②物理防治。在豆田设置黑光灯诱杀成虫。③药剂防治。可在植株盛花期喷药，或孵卵盛期喷施第 1 次药，隔 7 天再喷 1 次，连续喷 3~4 次。一般宜在清晨植株豆瓣开放时喷药，喷洒重点部位是花蕾、已开的花和嫩茎，落地的花荚也要喷药。药剂可选用 5%氟啶脲乳油 2 000 倍液，或苏云金杆菌乳剂（每克含 100 亿孢子）500 倍液，或用 25%灭幼脲悬浮剂 500 倍液等。

（五）小豆集约种植生产实例

1. 蚕豆＋榨菜/玉米＋小豆/毛豆

江苏东南沿海等地应用该模式，蚕豆采收青荚上市，每亩可产青蚕豆荚 800 千克、榨菜 1 500 千克、玉米 500 千克、小豆 80 千克、毛豆鲜荚 500 千克。

（1）茬口配置 每 1.33 米或 2 米为 1 组合，1.33 米组合秋播 1 行蚕豆，2 米组合秋播播 2 行蚕豆，小行距 0.4 米，于 10 月中下旬播种。榨菜于 9 月中旬育苗，待蚕豆播种后，榨菜移栽在蚕豆行间，1.33 米组合蚕豆行间移栽 2 行，2 米组合蚕豆行间移栽 4 行。3 月底、4 月初榨菜收获后播种玉米，1.33 米组合采用单行双株种植，每亩密度 3 500 株，2 米组合采用双行双株种植，每亩密度 4 000 株。玉米棵间间作小豆，小豆可与玉米同时播种，也可以在玉米出苗后播在玉米棵间。蚕豆收获后于 6 月上旬播种毛豆，1.33 米组合种植 2 行，2 米组合种植 3 行。

（2）品种选用 ①蚕豆。选用大粒型品种，如"启豆 5 号"

等。②榨菜。选用"桐农1号"。③玉米。选用多抗高产品种品种，如"苏玉29""苏玉30"等。④小豆。选用"启东大红袍"品种。⑤毛豆。选用"小寒王"等品种。

（3）培管要点　①蚕豆。播种前每亩施用过磷酸钙40千克作基肥，蚕豆盛花期，每亩普施尿素7.5千克，及时控防赤斑病、蚜虫和黏虫等病虫害。②榨菜。按预设规格移栽，株距33厘米左右，每亩施用复合肥30千克加腐熟有机肥1 000千克作基肥。定植缓苗后每亩用2~3千克尿素加1 000千克稀薄人畜肥水追肥促发苗。茎膨大并开始形成2、3叶环时，追施第2次肥水，在叶面积近最大、茎迅速膨大时追施第3次肥水，追肥种类以有机肥为主，配合氮、磷、钾肥。及时控防病毒病、软腐病、霜霉病和蚜虫等病虫害。③玉米。每亩施用45%复合肥50千克、碳酸氢铵25千克作基肥。拔节期，每亩施用人畜粪肥750千克或碳酸氢铵15千克作拔节肥，并壅根防倒。11~12张展开叶时施用穗肥，每亩用碳酸氢铵50千克开沟埋施。干旱时，及时灌溉抗旱。及时化控防倒和防控玉米螟等虫害。④小豆。一般每2~3穴玉米间作1穴小豆，每穴播种3~4粒，以玉米秆为支架，藤蔓攀缘在玉米秆上，出苗后及时每亩追施尿素5千克作苗肥，盛花期每亩施用尿素8千克作花荚肥。⑤毛豆。每亩施过磷酸钙20千克或45%复合肥15千克作基肥，播种穴距30~33厘米，每穴2株。初花期每亩追施尿素7.5千克。当毛豆出现旺长时，应及时用多效唑化控。及时用药防控豆荚螟、大豆食心虫、蜗牛等害虫。

2. 蚕豆/玉米＋小豆—辣椒

江苏东南沿海等地应用该模式，蚕豆采收青荚上市，每亩可产青蚕豆荚800千克、玉米400千克、小豆80千克、辣椒3 000千克。

（1）茬口配置　每2米为1组合，10月中下旬播种蚕豆，每组合种植2行，小行距0.4米。翌年4月初在蚕豆大行间播种玉米，单行双株种植，株距0.25米，每亩密度3300株。玉米棵间间作小豆，小豆可与玉米同时播种，也可以在玉米出苗后播在玉米棵间。5月中旬蚕豆收获后清茬整地移栽辣椒，每个玉米行间移栽4行，行距0.4米，株距0.3米，每亩密度4000株左右。

（2）品种选用　①蚕豆。选用大粒型品种，如"启豆5号"等。②玉米。选用多抗高产品种品种，如"苏玉29""苏玉30"等。③小豆。选用"启东大红袍"等品种。④辣椒。选用优良地方牛角椒品种。

（3）培管要点　①蚕豆。播种前每亩施用过磷酸钙30~40千克作基肥，蚕豆盛花期，每亩普施尿素7.5千克，及时控防赤斑病、蚜虫和黏虫等病虫害。②玉米。每亩施用45%复合肥50千克、碳酸氢铵25千克作基肥。拔节期，每亩施用人畜粪肥750千克或碳酸氢铵15千克作拔节肥，并壅根防倒。11~12张展开叶时施用穗肥，每亩用碳酸氢铵50千克开沟埋施。干旱时，及时灌溉抗旱。及时化控防倒和防控玉米螟等虫害。③小豆。一般每2~3穴玉米间作1穴小豆，每穴播种3~4粒，以玉米秆为支架，藤蔓攀缘在玉米秆上，出苗后及时每亩追施尿素5千克作苗肥，盛花期每亩施用尿素8千克作花荚肥。④辣椒。4月中旬育苗，5月中旬定植，定植前清理前茬，整地施基肥，每亩施腐熟粪肥2000~2500千克，复合肥50千克。移栽后每亩施用尿素4~5千克作醒棵肥。开花结果期每亩施用尿素20~25千克作花果肥。及时防控辣椒炭疽病、棉铃虫等病虫害。

3. 蚕豆＋冬菜/玉米＋小豆/甘薯

江苏东南沿海等地应用该模式，蚕豆采收青荚上市，每亩可产青蚕豆荚700千克、冬菜1000~1500千克、玉米500千克、小豆80千克、甘薯2500~3000千克。

（1）茬口配置　每1.4米为1组合，10月中旬播种1行蚕豆，蚕豆行间间作 1 行花菜、荠菜或青菜等冬菜。冬菜收获后，于 3 月中旬播种 1 行春玉米，单行双株，同时每 2 穴玉米间作 1 穴小豆。6 月底在玉米行两侧起垄栽种两行甘薯。

（2）品种选用　①蚕豆。选用大粒型品种，如"日本大白皮"或海门优良地方品种等。②玉米。选用多抗高产品种品种，如"苏玉 29""苏玉 30"等。③小豆。选用地方优良品种"大红袍"等品种。④甘薯。选用鲜食烘烤型品种"苏薯 8 号"等品种。

（3）培管要点　①蚕豆。通常采用开行定距穴播，也可用铁锹开洞穴播，每穴播种 2 ~ 3 粒，穴距 20 ~ 25 厘米，每亩穴施 45%复合肥 25 千克作基肥。蚕豆盛花期，每亩普施尿素 7.5 千克，及时控防赤斑病、蚜虫和黏虫等病虫害。②玉米。每亩施用羊棚灰 1 000 千克、45%复合肥 50 千克作基肥。植株展开叶 6 ~ 7 叶时施用尿素 7.5 千克作拔节孕穗肥，11 ~ 12 张展开叶时施用穗肥，每亩用碳酸氢铵 50 千克开沟埋施。及时防控地下害虫和玉米螟等虫害。③小豆。一般每 2 ~ 3 穴玉米间作 1 穴小豆，每穴播种 3 ~ 4 粒，以玉米秆为支架，藤蔓攀缘在玉米秆上，由于玉米基肥较足，重点在植株花荚进行叶面施肥，可用 1%尿素溶液喷施 1 ~ 2 次。④甘薯。两段育苗，3 月中旬采用塑料拱棚育苗，待甘薯种薯长出幼苗后，于 4 月中旬剪苗移栽至其他空地进行二段育苗。6 月中下旬在玉米行间两侧起垄后及时栽插两行，每亩密度 4 000 株左右。玉米收获后，每亩施用尿素 10 ~ 15 千克作长苗结薯肥。

（六）小豆收获

小豆品种有无限结荚习性和有限结荚习性两种，对于无限结荚习性品种，花期较长，导致小豆的成熟期很不一致，往往植株中下部的荚果已呈现黑色，而上部的荚仍为清绿色或正在灌浆鼓粒。收获过早粒色不佳，粒型不整齐，秕粒增多，降低品质；收获过晚易裂荚落粒，籽粒光泽减退，粒色加深，外观品质降低。一般在大多数植株有 2/3 的荚果变黄时，为适宜收获期。小面积栽培时可分批分期摘荚，大面积种植多采用一次性收割。

收获后及时晾晒、脱粒、晒种。贮藏后的小豆安全含水量必须在 13% 以下，否则极易变质。

七、甘薯高产高效栽培

甘薯系旋花科甘薯属一年生或多年生块根植物，又名番薯、地瓜、红苕、山芋、红薯等。广泛种植于世界上 100 多个国家。我国是世界上最大的甘薯生产国家，大部分省市都有甘薯栽培，主要产区为四川盆地、黄淮海平原、长江流域和东南沿海。甘薯是重要的粮食、蔬菜和饲料作物。甘薯营养丰富，块根中除含有大量淀粉（15% ~20%）、可溶性糖、多种维生素和人体必需的 8 种氨基酸外，还含有蛋白质、脂肪、食物纤维以及钙、铁等矿物质。红肉甘薯富含胡萝卜素，营养价值更高。人们常食用的米、面、肉类等属于生理酸性食物，而甘薯是生理碱性食物，适当吃些甘薯调节膳食结构，有益于健康。甘薯茎蔓的嫩尖营养丰富，可作为蔬菜食用。以甘薯为原料制作的粉丝、粉皮、薯脯、薯干、罐头、薯片等，市场需求量越来越大。甘薯茎叶可作为鲜、干和青贮饲料，甘薯加工后的副产品如粉渣、糖渣、酒糟等，也含有丰富的养分，是禽、畜的好饲料。甘薯耐瘠耐旱，可用作新垦地先锋作物和坡地覆盖作物，其生育期弹性较大，适宜与多种作物间套作或填闲增种，增加复种指数。

（一）甘薯的栽培特性

1. 甘薯的形态特征

（1）根　可分为纤维根、柴根和块根 3 种形态。①纤维根。又称细根，其形态细长，上有分枝和根毛，形成须根系，具吸收水分和养分的功能。纤维根在生育前期生长快、分布浅，后期生长慢、分布深。纤维根主要分布在 30 厘米深的土层内，少数深达 1 米以上。②柴根。又称粗根或梗根或牛蒡根，是在幼根发育过程中，受到低温多雨等不良气候条件和氮肥过多、磷钾肥过少等土壤环境的影响，使根内部组织发生变化，中途停止加粗而形成的。柴根的形成与品种特性有关，其粗如手指，细长似鞭，无多大利用价值。③块根。又称贮藏根，它是在适宜生长条件下，幼根经过一系列的组织分化，并积蓄养分膨大而成，就是供人们食用、加工的薯块。甘薯块根既是贮藏养分的器官，又是重要的繁殖器官。甘薯块根多生长在 5～25 厘米深的土层内，很少在 30 厘米以下土层发生。单株结薯数、薯块大小与品种特性及栽培条件有关。一般将薯块大小分为大（250 克以上）、中（100～250 克）和小薯（100 克以下）。块根形状有纺锤形、圆筒形、椭圆形、球形和长方形等，并伴有条沟，这与品种特性有关，也因土壤及栽培条件而发生变化。例如：沙质土壤，土壤潮湿，施氮过多，薯多扁长；黏重土壤，土壤干旱，施钾较多，薯多偏圆。不定芽大都从根部附近长出。块根皮色与肉色因品种而异，皮色有白、浅黄、黄、淡红、紫等，由周皮中色素决定。薯肉色泽可分为白、淡黄、黄、杏黄和橘红等。肉色随胡萝卜素含量提高而加深，杏黄色薯肉的蛋白质含量高于黄、白色薯肉。

（2）茎　甘薯茎为蔓生型，又称薯藤或薯蔓。多数品种匍匐生长，少数品种直立生长一定高度后再匍匐生长。茎的长度与品种和生长条件有关。蔓长 2.5 米以上为长蔓型，1.5 米以下为短蔓型，介于二者之间为中蔓型。茎粗一般为 4～8 毫米。茎和茎节色有绿、紫、绿中带紫等。甘薯茎切断后流出的汁液为乳白色。成长的甘薯茎节部内有不定根原基，根原基数目上中部节较多，下部节较少，环境适宜发育为不定根。同一品种的薯苗越粗壮，则根原基发育越好，栽插后越易形成块根。主茎上叶腋间的腋芽可伸长生长成分枝。一般每株甘薯有分枝 7～20 个，短蔓品种较长蔓品种分枝力强，分枝数较多。基部分枝数与薯重成正相关。但分枝生长与肥水条件有关，肥水充足则分枝生长多。茎的皮层有孔管，既能分泌白色乳汁，又起输导养分的作用。茎的乳汁多，表明薯苗营养丰富，生命力较强，薯苗质量较好。

（3）叶　甘薯属双子叶植物，实生苗最先露出 2 片子叶，接着在其上发生真叶。茎上每节着生一叶，呈螺旋状排列。叶有叶柄和叶片，无托叶。叶片形状有掌状、心脏形、三角形或戟形，叶缘又可分为全缘和深浅不同的缺刻。叶形不仅品种间有差异，有些品种可在同一植株甚至同一茎上出现两种以上叶形。叶片长度 7～15 厘米，宽 5～15 厘米。长、宽都因栽培条件而有很大差异，叶片与叶柄交接处有 2 个腺体。叶柄长度 6～23 厘米。叶片大小和叶柄长短，因品种及栽培条件有较大变化。叶片色、顶叶色、叶缘色、叶脉色和叶柄基部颜色可概分为绿、绿带紫和紫色，也是鉴别品种的形态特征。叶片是植株进行光合作用和蒸腾作用的主要器官。

（4）花　单生或数十朵丛集聚伞花序，着生于叶腋或茎顶。在北纬23°以南，我国夏秋薯区的南部以及秋冬薯区，一般品种均能自然开花，而在偏北地区长日照条件下则很少自然开花。花型和牵牛花相似。花冠由 5 个花瓣联合成漏斗状，一般淡红色，也有蓝色、紫色和白色，雄蕊 5 枚，花丝长短不一。雌蕊一枚，柱头呈球状。花晴天在早晨开放，到下午闭合凋萎。甘薯为异花授粉作物，自交结实率很低。

（5）果实和种子　甘薯果实为球形或扁圆形蒴果，每个蒴果有 1～4 粒种子，以 1～2 粒居多。种子褐色，形状分为球形、半球形或多角形。种子较小，千粒重 20 克左右，直径 3 毫米。种子形状及大小因蒴果内的种子数目不同而异，1 个蒴果只结 1 粒种子的，种子近球形；结 2 粒的呈半球状；结 3 粒的或 4 粒的呈多角形。种皮较坚硬，表面有角质层，透水性差。

2. 甘薯的生育时期

甘薯的大田生产，是块根育苗、剪苗栽插的无性繁殖阶段。其生产全过程分育苗、大田生长和贮藏 3 个阶段。根据大田生长过程中地上部与地下部生长关系，又可分成发根缓苗、分枝结薯、蔓薯并长和薯块盛长 4 个阶段。

（1）发根缓苗阶段　指薯苗栽插后，入土各节发根成活，植株开始长出新叶，幼苗能够独立生长，大部分秧苗从叶腋处长出腋芽的阶段。栽插后 2 ~ 5 天开始发根，一般春薯栽后 30 天、夏薯栽后 20 天，吸收根系基本形成。

（2）分枝结薯阶段　这个阶段根系继续发展，腋芽和主蔓延长，叶数明显增多。主蔓生长最快，其延伸生长称"拖秧"（也叫爬蔓、甩蔓），茎叶开始覆盖地面封垄。此时地下部的不定根已分化成小薯块，在本阶段后期成薯数已基本稳定，不再增多。薯重占最高薯重的 10% ~ 15%，茎叶鲜重占 30% ~ 50%。

（3）薯蔓并长阶段　此期从封垄至茎叶生长高峰，是生长中期。春薯在栽后 60 ~ 100 天，夏、秋薯约在栽插后 35 ~ 70 天，生长中心为茎叶，分枝增长很快，叶片数迅速增中，出现新老叶片生死交替状况。这时期薯块也迅速膨大。此期末，薯重约占全生育期总重要的 30% ~ 40%。此期开始时，薯数已基本稳定，这时期要促进茎叶的快速生长，既不影响薯数的变化，还可为块根的膨大奠定强大的茎叶基础。但茎叶生长也不能过旺，否则将导致生态环境恶化，造成新老叶片交替频繁或茎叶早衰，不利于块根膨大。

（4）薯块盛长阶段　此期从茎叶生长高峰至收获，是生育后期。春、夏薯历时 60 天左右，秋薯历时 40 ~ 45 天，此期生长中心是薯块生长。茎叶转向缓慢生长直至停滞，叶色变淡落黄，基部分枝枯萎及薯叶脱落，逐渐呈现衰退。地上部同化物质加速向地下部运转，薯块肥大，增重速度加快，是甘薯产量积累的主要时期。此阶段的薯重积累量相当于总薯重的 40% ~ 50%，高的可达 70%。此时期应保护茎叶和防止因脱肥、受旱等原因而发生旱衰现象，促进块根的迅速膨大。至收获前 15 天左右，淀粉含量达到最大值，此后增加甚微。

3. 甘薯生长对环境的要求

（1）温度　喜温怕冷。薯块萌芽的最低温度为 16℃，最适温度为 28 ~ 32℃。芽、苗在 10 ~ 14℃ 条件下停止生长，在 9℃下，会遭受冷害而损伤。40℃ 以上，薯苗停止生长，幼芽被灼伤。薯苗发根的最低温度约为 15℃，17 ~ 18℃ 发根正常。茎叶生长最适温度为 18 ~ 35℃，10℃ 以下持续时间长或霜冻，地上部即受到伤害或冻死。块根膨大的最适温度为 20 ~ 25℃，低于20℃ 时块根即停止膨大，但有些品种在 17 ~ 18℃ 时仍继续膨大。在块根膨大适温范围内，昼夜温差大，有利于块根积累养分和膨大。

（2）水分　薯块萌发时，床土以保持田间持水量的 80% 左右为宜。干旱遇高温，薯块先长芽后发根，幼芽生长缓慢；若床土过湿，还会降低床温，甚至引起烂薯。出苗后，苗床土壤以保持田间持水量的 70% ~ 80% 为宜。甘薯生长前期和后期以保持在 60% ~ 70% 为宜。中期是茎叶生长盛期，同时也是薯块肥大期，需水量明显增多，以保持 70% ~ 80% 为宜。甘薯的蒸腾系数为 300 ~ 500，一生耗水量 500 ~ 800 毫米。甘薯发根分枝结薯期是一生中对水分相对敏感的时期，当土壤含水量低于田间持水量的 50% 时，幼苗不易成活，其幼根中柱薄壁细胞木质化程度大，结薯迟而少，且易形成柴根。生长中后期，土壤干旱，易造成植株早衰，块根膨大缓慢而减产。若土壤水分过多，会因缺乏氧气而影响块根肥大，致使薯块水分增多，干物质含量降低。在雨水过多或田间积水情况下，还易造成甘薯腐烂，同时薯块中不溶于水的原果胶含量增多而发生"硬心"。

（3）光照 甘薯是喜光的短日照作物。光照不足，叶色变黄，严重时脱落。光照越足对提高产量越有利。出苗后，强光下幼苗积累光合物质较多，薯苗生长快而壮。间作田块，常因遮光严重使结薯期推迟，产量不高。所以，甘薯与高秆作物间作时，高秆作物不宜过密，以加大薯地的受光面积。每天的日照时数为8~10小时，能诱导甘薯开花结实。日照时数延长至12~13小时，能促进块根形成和加速光合产物的运转。

（4）土壤 甘薯对土壤的适应性强，耐酸碱性好，能够适应土壤 pH 值为 4.2~8.3，高产优质甘薯的土壤条件以 pH 值为 5~7 为宜。土层深厚疏松、通气性良好的沙壤土，结薯多、大薯率高，薯皮光滑色鲜，商品性好。

（5）养分 甘薯根系发达，吸肥力强，且需肥量大。甘薯对氮、磷、钾肥料三要素需要量以钾最多，氮次之，磷居第三位。在大田生产中，每生产 1 千克鲜薯，需要从土壤里吸收氮（N）4 克、磷（P_2O_5）2 克、钾（K_2O）12 克。高产地块土壤含磷、钾数量大，每亩产量为 3 500 千克的地块所需三要素的比例为 1∶1∶2，每生产 1 千克鲜薯需施氮（N）5 克、磷（P_2O_5）4.5~4.9 克、钾（K_2O）9~12 克。而每亩产量为 2 500 千克左右甘薯的地块，每生产 1 千克鲜薯需施氮（N）4~5 克、磷（P_2O_5）3~4 克、钾（K_2O）7~8 克。

（二）甘薯的类型和品种

1. 甘薯的品种类型

从淀粉加工和食用等用途上，甘薯品种可分为以下几种类型：一是淀粉加工型，主要是高淀粉含量的品种；二是食用型；三是兼用型，既可加工又可食用的品种；四是菜用型，主要是食用甘薯的茎叶；五是色素加工型，主要是一些紫薯品种；六是饮料型，甘薯含糖量高，主要用于饮料加工；七是饲料加工型，这类甘薯茎蔓生长旺。

2. 甘薯的主要良种

（1）苏薯22号　江苏省农业科学院粮食作物研究所育成，2014年江苏省鉴定，属食用型品种，适宜江苏省甘薯产区种植。2012—2013年参加省鉴定试验，两年平均鲜薯亩产2 731.1千克，比对照苏渝303增产27.2%；薯干亩产646.2千克，比对照苏渝303增产14.1%。2013年生产试验，平均鲜薯亩产2 118.3千克，比对照苏渝303增产13.9%；平均薯干亩产518.1千克，比对照增产11.2%。顶叶绿色，茎绿色，叶脉绿色，叶片心形，蔓较短，分枝8个左右。栽插后发根还苗较快，生长势较强。结薯集中，单株平均结薯数5个左右，薯块短纺锤形，外观光滑整齐，商品性好。薯皮黄色，薯肉橘红色，胡萝卜素含量5.1毫克/100克鲜重，熟食味较好，为食用型品种。感根腐病、茎线虫病和黑斑病。

（2）苏薯21号　江苏省农业科学院粮食作物研究所育成，2014年江苏省鉴定，属兼用型品种，适宜江苏省甘薯产区种植。2011—2012年参加省鉴定试验，两年平均鲜薯亩产2 174.8千克，比对照苏渝303增产7.3%；薯干亩产583.9千克，比对照苏渝303增产9.8%。2013年生产试验，平均鲜薯亩产1 909.9千克，比对照苏渝303增产2.7%；平均薯干亩产528.3千克，比对照增产13.4%。顶叶浅褐色，茎绿色，叶脉绿色，叶片心形，蔓较长，分枝9个左右。栽插后发根还苗较快，生长势较强。结薯集中，单株平均结薯数4个左右，薯块下膨纺锤形，外观光滑整齐，商品性好。薯皮淡黄色，薯肉白色，熟食味较好，为兼用型品种。中抗根腐病，高感黑斑病、感茎线虫病。

（3）苏薯19号　江苏丘陵地区南京农业科学研究所育成，2013年江苏省鉴定，属饲用型品种，适宜江苏省甘薯产区作搭配品种种植。2011—2012年参加省鉴定试验，两年平均亩产鲜薯 2 420.8 千克，比对照苏渝 303 增产 19.4%，两年增产均达极显著水平；亩产薯干 527.0 千克，比对照减产 0.9%，2012 年生产试验，平均亩产鲜薯 2 522.6 千克，比对照苏渝 303 增产 20.2%；平均亩产薯干 549.7 千克，比对照减产 0.7%；茎叶亩产 2 567.0 千克，比对照增产 18.8%。萌芽性较好，出苗多而壮。节间短，叶多，叶柄粗壮较长，叶柄密生于茎上，分枝多而短，藤蔓粗壮，相互间交叉缠绕少，收割时不需要理蔓，可成倍提高割藤效率。叶形心形带缺刻，顶叶浅绿色，叶脉紫色。栽插后发根还苗较快，生长势较强。结薯集中，单株平均结薯数 4.3 个，薯形长膨纺形，薯皮红色，薯肉橘黄心，胡萝卜素含量 4.1 毫克/100 克 FW，熟食品质中等。干率 22.3%。感根腐病、黑斑病和茎线虫病。

（4）苏薯 18 号　江苏省农业科学院粮食作物研究所育成，2013 年江苏省鉴定，属淀粉型品种，适宜江苏省甘薯产区种植。2010—2011 年参加省鉴定试验，两年平均亩产鲜薯 2 037.4 千克，比对照苏渝 303 增产 6.0%，2011 年增产达极显著水平；亩产薯干 634.1 千克，比对照增产 26.9%，增产达极显著水平；2012 年生产试验，平均亩产鲜薯 2 128.4 千克，比对照苏渝 303 增产 1.4%；平均亩产薯干 705.6 千克，比对照增产 27.5%。顶叶、茎绿色，叶脉紫色，叶片心脏型，蔓较短，分枝 6 个左右。栽插后发根还苗较快，生长势较强。结薯集中，单株平均结薯数 4.0 个，薯块长方形、外观光滑整齐，商品性好。薯皮淡红色，薯肉淡黄色，熟食干面味香、为优良的淀粉加工型品种。中抗黑斑病、根腐病，不抗茎线虫病。

（5）苏薯 16 号　江苏省农业科学院粮食作物研究所育成，2012 年江苏省鉴定，属食用型品种，适宜江苏省甘薯产区种植。2009—2010 年参加省鉴定试验，两年平均鲜薯亩产量为 2 067.6 千克，比对照苏渝 303 增产 3.8%，2010 年增产达极显著水平；

薯干亩产量 578.8 千克，比对照增产 7.8%，2010 年增产达极显著水平；2011 年生产试验，平均亩产鲜薯 1 996.0 千克，比对照苏渝 303 增产 8.1%；平均亩产薯干 578.8 千克，比对照增产 7.8%。萌芽性好，顶叶、叶脉和茎均绿色，叶片心形，蔓较短，分枝 6 个左右。栽插后发根还苗较快，生长势较强。结薯集中，单株结薯数 2～3 个，薯块纺锤形、外观光滑整齐，商品性好。薯皮紫红色，薯肉橘红色，熟食黏甜、肉质细、风味佳。干率 27.7%，总可溶性糖为 4.5%，胡萝卜素含量为 3.91 毫克/100 克。抗黑斑病、中抗根腐病，不抗茎线虫病。

（6）徐薯 30　江苏徐州甘薯研究中心育成，2012 年江苏省鉴定，属淀粉型品种，适宜江苏省甘薯产区种植。2009—2010 年参加省鉴定试验，两年平均鲜薯亩产量为 2 127.4 千克，比对照苏渝 303 增产 9.6%，2009 年增产达极显著水平；薯干亩产量 692.9 千克，比对照增产 29.0%，两年增产均达极显著水平；2011 年生产试验，平均亩产鲜薯 2 040.6 千克，比对照苏渝 303 增产 10.5%；平均亩产薯干 626.6 千克，比对照增产 30.4%。萌芽性较好、出苗多而壮。顶叶、叶脉、茎蔓均为绿色，叶片三角形，偏大，蔓长中等。栽插后发根还苗快，生长势较强。结薯集中，薯块长方形、整齐，薯皮紫红色，薯肉淡黄，干率 32.2%，熟食品质较好。中抗根腐病，高感黑斑病和茎线虫病。

（7）徐薯 29　江苏徐州甘薯研究中心育成，2011 年江苏省鉴定，属兼用型品种，适宜江苏省甘薯产区排水良好的田块种植。2009—2010 年参加江苏省鉴定试验，两年平均鲜薯亩产量为 2 183.5 千克，比对照苏渝 303 增产 9.6%，两年增产均达极显著水平；薯干亩产量 666.7 千克，比对照增产 24.2%，两年增产均达极显著水平。2010 年生产试验，平均亩产鲜薯 1 973.1 千克，比对照苏渝 303 增产 1.9%；平均亩产薯干 562.4 千克，比对照增产 6.9%。萌芽性较好、出苗多而壮。叶片心形，叶片、叶柄均为绿色，叶脉紫色，蔓粗壮较长。栽插后发根还苗快，生长势较强。结薯集中，薯块整齐、纺锤形，薯皮红色，薯肉白色，干率30.0%，熟食品质较好。中抗根腐病，感黑斑病和茎线虫病，耐涝性较差。

（8）苏薯15号　江苏省农业科学院粮食作物研究所育成，2011年江苏省鉴定，属兼用型品种，适宜江苏省甘薯产区种植。2009—2010年参加江苏省鉴定试验，两年平均鲜薯亩产量为2 374.7千克，比对照苏渝303增产19.2%，两年增产均达极显著水平；薯干亩产量663.9千克，比对照增产23.6%，两年增产均达极显著水平；2010年生产试验，平均亩产鲜薯2 253.8千克，比对照苏渝303增产16.4%；平均亩产薯干632.5千克，比对照增产20.3%。萌芽性好，顶叶绿色，叶脉紫色，叶片心型，茎绿色，蔓较长，分枝10个左右。栽插后发根还苗较快，生长势较强。结薯集中，单株结薯数2～3个，薯块整齐，薯块下膨纺形，薯皮红色，薯肉淡黄色，干率28.5%，熟食味品质较好。抗根腐病，感黑斑病和茎线虫病。

（9）南紫薯65　江苏丘陵地区南京农业科学研究所育成，2011年江苏省鉴定，属食用型品种，适宜江苏省甘薯产区种植。2008—2009年参加江苏省鉴定试验，两年平均鲜薯亩产量为2072.2千克，比对照苏渝303增产1.6%。2010年生产试验，平均每亩鲜薯2 032.1千克，比对照苏渝303增产4.9%。萌芽性好，出苗多而快，采苗量大。顶叶紫色，叶尖心形带缺刻，茎紫色，蔓较长。栽插后发根还苗快，生长势较强。结薯集中，薯块圆整；薯块短纺锤形，薯皮紫色，薯肉紫色，干率20.8%左右，花青素含量9.1毫克/100克鲜薯，烘烤后肉质细腻、黏软、无纤维、食味佳，可作为紫薯泥、紫薯粉等加工原料供应食品加工企业。中抗黑斑病，感根腐病和茎线虫病。

（10）苏薯14号　江苏省农业科学院粮食作物研究所育成，

2010 年江苏省鉴定，属食用型品种，适宜江苏省甘薯产区搭配种植。2007—2008 年参加省区域试验，两年平均鲜薯亩产量为 2 467.4 千克，比对照苏渝 303 增产 21.0%，两年增产均达极显著水平；薯干亩产量 595.5 千克，比对照增产 8.5%，两年增产均达极显著水平；2009 年生产试验，平均亩产鲜薯 2 647.5 千克，比对照苏渝 303 增产 29.7%；平均亩产薯干 650.1 千克，比对照增产 14.5%。萌芽性好，出苗多，薯苗健壮。叶片尖心型，茎绿色，蔓较短，分枝 10 个左右。栽插后发根还苗较快，生长势较强。结薯集中，薯块整齐，薯块短纺锤形，薯皮红色，薯肉橘黄色，干率 24.2%。抗性一般，中抗根腐病，感黑斑病和茎线虫病。鲜薯类胡萝卜素含量 1.27 毫克/100 克，熟食味较佳。

（11）徐紫薯 2 号　江苏徐州甘薯研究中心育成，2010 年江苏省鉴定，属食用型品种，适宜江苏省甘薯产区搭配种植。2007—2008 年参加江苏省区域试验，两年平均鲜薯亩产量为 2 012.4 千克，比对照苏渝 303 减产 7.0%；薯干亩产量 591.3 千克，比对照增产 1.6%；2009 年生产试验，平均每亩鲜薯 2 045.6 千克，比对照苏渝 303 减产 0.8%；平均亩产薯干 626.6 千克，比对照增产 10.4%。萌芽性好，出苗多而快，采苗量大。顶叶紫色，叶尖心形，茎紫色，蔓较长。分枝数 7 个左右；栽插后发根还苗快，生长势较强。结薯集中，薯块整齐；薯块纺锤形，薯皮紫红色，薯肉紫色，干率 29.3% 左右。抗性一般，抗根腐病，感黑斑病和茎线虫病。鲜薯花青素含量 10.5 毫克/100克，总可溶性糖 10.15%，粗蛋白的含量 6.97%，熟食味较佳。

（三）甘薯优质高产栽培

1. 育苗

（1）育苗方法　薯块的育苗方法主要有覆盖育苗、酿热床育苗和露地育苗等。

覆盖育苗：利用薄膜吸收和保存太阳热能，提高床温。主要有小拱棚育苗、大棚育苗、双膜覆盖育苗和地膜覆盖育苗等几种。

酿热床育苗：利用微生物分解畜粪、作物秸秆以及杂草等酿热物的纤维素发酵产生的热量，并结合覆盖薄膜吸收太阳辐射热能，提高床温。该方法出苗较早、较多，成苗壮。

露地育苗：整个育苗期间，无任何设施提高苗床温度。适用于夏、秋薯栽培区域，常用的有地畦、小高垄等。

（2）壮苗培育　壮苗具有栽后活棵快、成活率高，根多、根壮，吸收养分能力强，增产效果明显。壮苗主要特征有：叶片肥厚，叶色较深，顶叶齐平，节间粗短，剪口多白浆，秧苗嫩老适中，根系粗而根量多，无病虫害，苗长 20～25 厘米，具有 6 个展开叶，百株重 500 克左右，纯度高。壮苗培育措施：①种薯选择和消毒。要选择具有本品种特征、皮色鲜明、大小适中、不带病菌的健薯，选用杀菌剂浸种消毒，以杀死附着在薯块上的病菌。②排种。通常根据甘薯品种不同大小薯块萌芽数范围、不同温度或积温下萌芽数变化、不同育苗期茎蔓长度、剪蔓节数和单位面积密度，估算出单位面积排种量。根据育苗方法和栽插时期确定排种期，温床育苗，通常掌握在栽插适期前 25～30 天排种。长江流域春季较温暖，温床育苗在 3 月上旬排种，露地育苗期一般在 4 月初开始。排薯的方法，有斜排、平排和直排 3 种。温床育苗多采用斜排种薯的方法，斜排是以薯头压薯尾 1/3，这样薯块中上部发芽多，且易出土，薯苗健壮，但不可压得过多，以免造成薯苗过密而影响苗质。平排的薯芽分布均匀而不密集，利于培育壮苗，露地育苗时可以采用。直排的薯块上部发芽多，中部发芽少，薯苗密集而不健壮，一般不宜采用。排薯时，要分清薯块的头（皮色深、细根少）和尾（皮色浅、细根多），否则种薯出苗少，出苗晚，且不整齐。要根据薯块大小分类选择、分别排薯，为保证出苗整齐，应掌握上齐下不齐的排薯原则，使薯块顶端在同一水平面上。排种后用细土（最好用细沙）薄薄覆盖一层，然后用水（最好用40℃左右的温水）将床土浇透，等水下渗，用木锨在种薯上轻轻压一下，再覆盖沙土4~5厘米厚，最后加盖塑料薄膜，四周用土压紧，夜晚加盖草苫，以利提温保温，而后根据天气情况及薯块萌发长苗所需条件进行管理。③苗床管理。根据不同育苗方式，进行温度、湿度、营养及病虫草害等管理。一般情况下，排种至齐苗阶段要以高温催芽和防病为中心。床温宜保持在32~35℃，薄膜覆盖苗床还需透气，酿热苗床可轻浇温水或新鲜人尿粪等，促进分解。湿度以保持床土相对湿度80%左右，薄膜内相对湿度95%左右为宜。齐苗至剪苗阶段，前期以催为主，催中有炼，床温保持在25~28℃，床土的湿度应保持在田间持水量的70%~80%，苗高20厘米、具有6~7个节时，应转入以炼为主，停止浇水，薯苗要充分见光，经3天炼苗后，即可剪苗栽插。剪苗后以催为主，床温应很快上升到32℃以上，剪苗当天不浇水，通常剪苗两茬后进行追肥，待薯苗生长到一定高度后又要逐渐降温降湿和炼苗。④烂床的防止。育苗期间，种薯腐烂、死苗统称为烂床，形成原因主要有病烂、热烂和缺氧烂床等3种。防止烂床措施主要有：精选无病、无伤、未受冷害、涝害的薯块作种；严格按规定标准进行消毒操作；苗床要选用无病净土、净粪；排种后覆土不要太深、太紧，合理进行温度、肥水及通风管理。

2. 整地做垄

土壤深耕、起垄栽培是夺取高产的基本措施。甘薯要获得高产，必须具备土层深厚、土质疏松、通气性好、保肥保水力强和富含有机质的良好土壤条件。甘薯根系和块根多分布在0~30厘米土层内，薯地耕翻深度以25~30厘米为宜。

垄作有利于甘薯的根系的吸收，同化物质的积累和运转，利于薯块的形成与膨大，提高块根产量。起垄要达到：垄形肥胖，垄沟窄深；垄面平，垄距均；垄土踏实，无硬心，无大垡。春薯的垄距要大些，一般 0.7～0.8 米；夏薯窄些，一般 0.6～0.7米。田间的垄沟、腰沟和田头沟要配套，以利排水流畅。垄向以南北为好。坡地的垄向要与斜坡方向垂直。

3. 肥料施用

甘薯大田生长过程中，氮素的吸收一般以前、中期为多；当茎叶进入盛长阶段，氮的吸收达到最高点；生长后期吸收氮素较少。磷素在茎叶生长阶段吸收较少，进入薯块膨大阶段略有增多。钾素在整个生长期都较氮、磷为多，尤以后期薯块膨大阶段更为明显。根据甘薯高产要求，甘薯施肥要有机无机配合，氮磷钾配合，并测土施肥。氮肥应集中在前期施用，磷钾肥宜与有机肥料混合沤制后作基肥施用，同时按生育特点和要求作追肥施用。

（1）基肥　夏薯多重施基肥，占总肥量的 70%～80%。一般在作垄时集中进行条施，即将肥料施在垄心内，或作垄后于垄顶开沟施入（又称包心肥）。一般每亩施人畜粪水 1 000～1 500千克，或施土杂肥 1 500～2 000千克，过磷酸钙 25～30千克，草木灰 40～100千克。

（2）追肥　甘薯追肥原则为"前轻、中重、后补"。前期促苗肥宜早，一般在栽后 7～15 天进行，每亩施尿素 3～5 千克或稀薄人粪水 1 000～1 500千克。在基肥、苗肥不足或土壤肥力低的薯地，可在分枝结薯阶段（栽后 30 天左右）追施壮株肥，每亩施尿素 5～6千克，以促进分枝与结薯。生长后期（栽后 80～90 天）垄顶出现裂缝时每亩用尿素 5 千克兑水或稀薄人粪尿 1 000千克，沿裂缝浇施，施后用土盖好裂缝。对于前、中期施肥不足，长势差的薯苗，裂缝肥有增产效果。一般在收获前40～45 天进行根外追肥，通常追施 0.5% 尿素液，或用 0.2% 磷酸二氢钾液，或用 2% ~ 5% 过磷酸钙液，或用 1% 的硫酸钾，或用 5% 过滤草木灰水等，共喷肥 2 ~ 3 次，每次相隔 7 ~ 15 天，每次每亩施用肥液量 70 ~ 100 千克。

4. 栽插

（1）秧苗消毒　甘薯秧苗用杀菌剂浸泡，可预防因病害而造成老小苗的发生，也可选用适宜杀虫剂浸甘薯苗头部，可杀灭种苗虫源。

（2）栽植期　甘薯适期早栽，不仅产量高，而且品质也好。春薯一般以 5 ~ 10 厘米地温稳定通过 17℃时为薯苗栽插始期的标准。栽插过早，易受低温危害；栽插过晚，随着时间的推移，产量会递减。夏薯、秋薯的生长期较短，前茬作物收获后，要争取早栽。南方夏秋薯区，夏薯一般在 5 月栽插，秋薯一般在 7 月上旬至 8 月上旬栽插。

（3）选苗与采苗　甘薯壮苗栽插是保证甘薯全苗壮株的重要环节。茎蔓不同部位插条及插条节数多少，对发根和最终产量都有较大影响，用顶段苗栽插的发根成活快，产量最高，中段苗次之，基段苗发根差、产量低。剪苗时要离床土 3 厘米以上高剪苗，剪口要平。所选苗段茎较粗壮，老嫩适度，节间较短，叶片肥厚，浆汁浓而多，无气生根和无病虫害，剪苗段 3 个节以上，100 根插条重 1.5 千克以上。剪苗后薯秧存放的时间不能太久，应及时栽插。最多存放 5 ~ 7 天，但要存放在阴凉潮湿外，捆把要松，剪头向下，最好接触泥地。

（4）栽插密度　甘薯栽插密度灵活性较大，合理密植要因地制宜。肥地、早栽或长蔓的品种可稍稀些；反之则稍密些。合理的株行距配置，既能使植株在田间分布合理，又便于田间管理。春薯的行距一般为 70 ~ 80 厘米、夏薯为 60 ~ 70 厘米，要注意插植的株距应一致。在每亩 2 500 ~ 4 000 株时，一般产量随密植程度提高而增加，而大、中薯率随着密植程度提高而下降。如是作为食用，中小薯更容易销售，可适当密植。

（5）栽插方法　薯苗栽插方法有直栽、斜栽、水平栽、船底形栽和压藤栽法等，不同的栽插方法对产量的形成关系密切，生产上应根据具体条件，因地制宜地选择栽插方法。①直栽法。多用短苗直插土中，入土 2～4 个节间。优点是大薯率高，抗旱、缓苗快，适于山坡地和干旱瘠薄的地块。其缺点是结薯数量少，应以密植保证产量。②斜栽法。适于短苗栽插，苗长 15～20 厘米，栽苗入土 10 厘米左右，地上留苗 5～10 厘米，薯苗斜度为45°左右。特点是栽插简单，薯苗入土的上层节位结薯较多且大，下层节位结薯较少且小，结薯大小不太均匀。优点是抗旱性较好，成活率高，单株结薯少而集中，适宜山地和缺水源的旱地，可通过适当密植，加强肥水管理，争取薯大而获得高产。③水平栽插法。苗长 20～30 厘米，栽苗入土各节分布在土面下 5 厘米左右深的浅土层，薯苗埋土节数较多，但覆土较浅，结薯条件基本一致，各节位大多能生根结薯，很少空节，结薯较多且均匀，产量较高，适合水肥条件较好的地块。但水平栽插法的抗旱性较差，如遇高温干旱、土壤瘠薄等不良环境条件，易出现缺株或弱苗。此外，由于结薯数多，难以保证各个薯块都有充足营养，导致小薯多而影响产量。如是生产食用鲜薯，可有此法。④船底形栽插法。苗的基部在浅土层内的 2～3 厘米，中部各节略深（4～6厘米土层内）。适于土质肥沃、土层深厚、水肥条件好的地块。由于入土节位多，具备水平栽插法和斜插法的优点。缺点是入土较深的节位，如果管理不当或土质黏重等原因，容易形成空节不结薯，因而中部节位不可插得过深，沙土地可深些，黏土地应浅些。⑤压藤栽法。将去顶的薯苗，全部压在土中，而薯叶露出地表，栽好后用上压实后浇水。其优点是由于插前去尖，破坏了顶端生长优势，促使插条腋芽早发，节节萌发分枝。生根结薯，茎多叶多，促进薯多薯大，而且不易徒长。其缺点是抗旱性能差，费工，多采用小面积种植或夏薯种植。

栽插时应注意：①浅栽。栽插时在保证成活的前提下实行浅栽，栽插深度在土壤湿润条件下以 5~7 厘米为宜，旱地深栽也不宜超过 8 厘米。但在土壤干旱且阳光强烈的条件下，应考虑适当深栽。②增加薯苗入土节位。增加薯苗入土节位，有利于薯苗多发根，易成活，结薯多，产量高。入土节数应与栽插深浅相适应，入土节位要埋在有利于块根形成的土层为好。因此，以20~25 厘米的短苗栽插为宜，入土节数一般为 4~6 个。③栽插后保持薯苗直立。直立的薯苗茎叶不与地表接触，可避免栽后因地表高温造成灼伤，从而形成弱苗或枯死苗。④干旱季节可用埋叶法栽插。刚栽插的薯苗没有根系，将大部分叶片埋入湿土中，可有效地解决薯苗的供水问题，叶片不仅不失水，还可从土壤中吸收水，保证茎尖能够尽快返青生长。埋叶法成活率高，返苗早，有利增产。

5. 大田管理

（1）发根分枝结薯期　甘薯从栽秧到封垄为发根分枝结薯期，是大田生长前期。春薯栽后 60~70 天，夏薯栽后 40 天左右，茎叶进入封垄期，此时有效薯块数基本形成。田间管理的主攻方向是保全苗，促进茎叶早发、早发枝、早结薯。管理原则是以促为主，但肥水不能过量施用，以免造成中期徒长，影响块根膨大。管理措施：薯苗栽插后，遇晴天应连续浇水护苗，及时查苗补苗；分枝结薯期遇旱灌浅水；栽插后 10 天后至封垄前，一般进行 2~3 次中耕，第 1 次中耕较深（约 7 厘米），其后每隔 10~15 天进行第 2 次、第 3 次中耕，深度渐浅。与中耕相结合搞好除草和培土。

（2）薯蔓并长期　管理目标是控制茎叶平稳生长，促使块根膨大。生产上，要及时清沟排水；因地制宜追施促薯肥，同时注意茎蔓管理和控制徒长。生长上除中耕、施肥等必须翻蔓后一般不需要翻蔓，翻蔓一般减产 10% ~ 20%。对徒长的田块，采用提蔓、摘心、剪除枯枝老叶等措施，或使用矮壮素、多效唑等生长延缓剂，均有一定程度的抑制作用。

（3）薯块盛长期　此期植株茎叶生长逐渐衰退，而块根增重加快。生产上，应保护好茎叶，防止脱肥、受旱等原因引起的早衰现象，延长茎叶的功能期，以促进块根迅速膨大和延长膨大时期，增加块根积累量。遇旱灌水和排水防秋涝是其关键。过湿影响薯块膨大，造成烂薯和发生硬心，不利于贮藏和晒干。

（四）甘薯主要病虫害防治

1. 主要病害的防治

为害甘薯的病害主要有黑斑病、紫纹羽病、根腐病、茎线虫病、软腐病、病毒病、斑点病等。

（1）黑斑病　该病列为国内检疫对象。主要为害块根及幼苗茎基部，不侵染地上的茎蔓。育苗期染病，多因种薯带菌引起，种薯变黑腐烂，严重时幼苗呈黑脚状，枯死或未出土即烂于土中。病苗移植大田后，生长弱，茎基部长出黑褐色椭圆形或菱形病斑，初期病斑上有灰色霉层，后逐渐产生黑色刺毛状物和粉状物，茎基部叶片变黄脱落，地下部分变黑腐烂，严重时幼苗枯死。块根以收获前后发病为多，病斑为褐色至黑色，上生有黑色霉状物或刺毛状物，病薯变苦不能食用。地势低洼、阴湿、土质黏重，有利于发病。

防治措施：①建立无病留种田，精选无病块根做种薯。②避免重茬或与番茄、辣椒、马铃薯等作物连作。③加强田间管理。增施有机肥、钾肥。④药剂防治。用 50% 多菌灵 800 ~ 1 000 倍浸种薯 10 分钟后排种，或排种后再用 50% 多菌灵 800 倍液均匀地喷洒苗床防治；用 85% 甲基托布津 800 倍液或 50% 多菌灵 250 ~ 300 倍液，当蘸苗基部（浸药苗基深 6 ~ 10 厘米）2 ~ 3 分钟；或用3 000倍96％天达恶霉灵药液，进行浸苗、灌根、土壤和苗床处理。

（2）紫纹羽病　主要发生在大田期，为害块根或其他地下部位。病株表现萎黄，块根、茎基的外表生有白色或紫褐色似蛛网状的菌丝。块根由下向上，从外向内腐烂，后仅残留外壳，须根染病的皮层易脱落。秋季多雨、潮湿年份发病重，连作田、沙性和漏水严重的土壤发病重。

防治措施：①选用优质抗病品种，选择无伤疤无菌薯块做种薯。②合理轮作。③加强田间管理。清除田间及四周杂草，并深翻灭茬、晒土；起垄栽培，及时清理沟系，降低田间湿度；施用的有机肥需充分腐熟，重施基肥，增施磷钾肥；培育壮苗以减轻虫害。④药剂防治。种薯进窖前或播种前，用50％多菌灵可湿性粉剂1 000倍液，或用70％甲基托布津可湿性粉剂1 500倍液浸泡5分钟；薯苗扦插前，用50％多菌灵可湿性粉剂1 000倍液，或用70％甲基托布津可湿性粉剂1 500倍液浸泡10分钟（浸至苗的1/3～1/2处）；用50％多菌灵可湿性粉剂600倍液，或用70％甲基托布津可湿性粉剂1 000倍液，或用75％百菌清可湿性粉剂1 000倍液喷淋，隔10天左右喷淋一次，连续防治2～3次，注意喷匀喷足。

（3）根腐病　又称烂根病。苗期染病病薯出苗率低、出苗晚，在吸收根的尖端或中部出现黑褐色病斑，严重的不断腐烂，致地上部植株矮小，生长慢，叶色逐渐变黄。大田期染病受害根根尖变黑，后蔓延到根茎，形成黑褐色病斑，病部表皮纵裂，皮下组织变黑，发病轻的地下茎近地际处能发出新根，虽能结薯，但薯块小；发病重的地下根茎大部分变黑腐败，分枝少，节间短，直立生长，叶片小且硬化增厚，逐渐变黄反卷，由下向上干枯脱落，最后仅剩生长点2～3片嫩叶，全株枯死。该病发生和流行与品种、茬口、土质、气象条件密切相关。温度27℃左右，土壤含水量在 10% 以下时易诱发此病。连作田块和沙性土壤发病重。

防治措施：①选用抗病品种，严格植物检疫。②合理轮作。③加强田间管理。清除田园，将病残株带出甘薯地块后深埋，深翻灭茬、晒土；增施有机肥并充分腐熟。

（4）茎线虫病　又称糠心病、空心病、糠裂皮，是苗期烂床的病害之一。主要为害甘薯块茎、茎蔓及秧苗。秧苗根部受害，在表皮上生有褐色晕斑，秧苗发育不良、矮小发黄。茎部症状多在髓部，初为白色，后变为褐色干腐状。块根症状有糠心型和糠皮型。糠心型，由染病茎蔓中的线虫向下侵入薯块，病薯外表与健康甘薯无异，但薯块内部全变成褐白相间的干腐心；糠皮型，线虫自土中直接侵入薯块，使内部组织变褐发软，呈块状褐斑或小龟裂。严重发病时，两种症状可以混合发生。

防治措施：①选用抗病品种，严格植物检疫。②合理轮作。重病田块隔 3 年以上不种甘薯。③建立无病留种田。④消灭虫源。⑤培育无病壮苗。⑥药剂防治。将剪下待栽的幼苗基部 10 厘米左右浸入 50% 辛硫磷药液 10 分钟，然后移植；用 5% 茎线灵颗粒剂 1 ~ 1.5 千克，加细干土 30 千克拌匀，制成毒土，栽苗时每穴施毒土 10 克，然后灌水、栽苗、盖土。

（5）软腐病　是甘薯贮藏期的主要病害之一。主要由薯种在贮藏期或育苗期受到冷害或碰伤破皮引起，病菌侵染薯块后使薯块变软腐烂，在床土上面覆盖着一层灰白色的病菌。温度在 15 ~ 23℃ 时，病菌最容易侵染受伤的薯种，侵入后虽在较低的温度下，薯块仍继续腐烂。

防治措施：①选用抗虫抗病、无伤疤无菌的种薯。②合理轮作。育苗的营养土要选用无菌土并晒土三周以上，宜选用地势高燥、排灌方便的田块。③加强田间管理。清除田间及四周杂草，并深翻灭茬、晒土；起垄栽培，及时清理沟系，降低田间湿度；

施用的有机肥需充分腐熟，重施基肥，增施磷钾肥；培育壮苗以减轻虫害；一般在寒露至霜降之间收获，采收期以日平均气温15℃左右为宜，过晚收获薯块容易遭受霜冻。④科学贮藏。甘薯贮藏期窖温要控制在 12 ~ 15℃。⑤药剂防治。甘薯进窖前，将薯窖用硫磺（每平方米 15 克）熏蒸一昼夜；种薯播种前，用50% 多菌灵可湿性粉剂 1 000 倍液或 70% 甲基托布津可湿性粉剂1 500 倍液浸泡 5 分钟；种薯播后用药土覆盖（也可穴施药土）、扦插前喷施一次除虫杀菌剂，用 50% 杀螟松乳油或 50% 辛硫磷乳油 500 倍液浸湿薯苗 1 分钟，有效控制虫害；薯苗扦插前，用50% 多菌灵可湿性粉剂 1 000 倍液，或用 70% 甲基托布津可湿性粉剂 1 500 倍液浸泡 10 分钟，药液浸至苗的 1/3 ~ 1/2 处；用50% 苯菌灵可湿性粉剂 1 500 倍液或用 50% 多菌灵可湿性粉剂600 倍液，或用 70% 甲基托布津可湿性粉剂 1 500 倍液等喷施，每隔 10 天 1 次，防治 1 ~ 2 次。

（6）病毒病　又称甘薯花叶病。主要有叶片褪绿斑点型、花叶型、卷叶型、叶片皱缩型、叶片黄化型、薯块龟裂型等六种类型。甘薯感病后，病毒在甘薯体内通过薯块、薯苗代代相传，病毒逐年积累，使甘薯严重退化，危害逐年加重，表现为结薯量少，薯块小，牛蒡根增多，减产严重。

防治措施：①选用抗病毒病品种及其脱毒苗。②大田发现病株及时拔除，并补栽健壮苗。③加强田间管理，提高抗病力。④药剂防治。发病初期，用 10% 病毒王可湿性粉剂 500 倍液，或用 5% 菌毒清可湿性粉剂 500 倍液，或用 20% 病毒宁水溶性粉剂500 倍液等喷施，隔 7 ~ 10 天喷施 1 次，连用 3 次。

（7）斑点病　又称叶点病，主要为害叶片，是甘薯叶部常见的一种病害。叶斑圆形至不规则形，初呈红褐色，后转灰白色至灰色，边缘稍隆起，斑面上散生小黑点。严重时，叶斑密布或连合，致叶片局部或全部干枯。

防治措施：①重病地避免连作，选择地势高燥地块种植。②加强管理。及时清沟排渍，降低田间湿度，收获后及时清除病残体烧毁。③药剂防治。发病初期，可用65%代森锌可湿性粉剂400~600倍液、或用70%甲基托布津可湿性粉剂1 000倍液喷施，隔5~7天喷施1次，喷施2~3次。

2. 主要虫害的防治

为害甘薯的主要虫害有象鼻虫、蛴螬、地老虎、甘薯麦蛾、甘薯天蛾和红蜘蛛等。

（1）象鼻虫　又称甘薯蚁蟓或甘薯小象甲，成虫啃食甘薯的嫩芽梢、茎蔓与叶柄的皮层，并咬食块根成许多小孔，严重地影响甘薯的生长发育和薯块的质量与产量。幼虫钻蛀匿居于块根或薯蔓内，不但能抑制块薯的发育膨大，且其排泄物充塞于潜道中，助长病菌侵染腐烂霉坏，变黑发臭。

防治措施：①严格检疫，防止扩散。②合理轮作，加强管理。实现水旱轮作；及时培土，防止薯块裸露；甘薯收获后清除有虫薯块、茎蔓、薯拐等。③药剂防治。用50%杀螟松乳油或50%辛硫磷乳油500倍液浸湿薯苗1分钟，稍晾后栽植；采用毒饵诱杀，在早春或南方秋冬，用小鲜薯或鲜薯块、新鲜茎蔓置入50%杀螟松乳油500倍药液中浸14~23小时，取出晾干，埋入事先挖好的小坑内，上面盖草，每亩50~60个，隔5天换1次。

（2）蛴螬　蛴螬是金龟子的幼虫。成虫、幼虫均能危害，以幼虫（蛴螬）为害最严重。幼虫栖息在土壤中，取食种薯萌发的新芽，造成缺苗断垄；咬断根茎、根系，使植株枯死，且伤口易被病菌侵入，造成植物病害。成虫取食寄主幼芽嫩叶，影响产量和品质。

防治措施：①选用优质抗虫抗病品种，选择无伤疤无菌薯块做种薯。②合理轮作。③加强田间管理。选择地势高燥、排灌方便的田块种植；清除田间及四周杂草并集中烧毁，深翻灭茬、晒土，以减少病、虫源；起垄栽培，及时清理沟系，降低田间湿度；施用的有机肥需充分腐熟，重施基肥，增施磷钾肥；培育壮苗以减轻虫害。④药剂防治。种薯播种后，用药土覆盖（也可用浸种剂或拌种剂灭菌），扦插前用50%杀螟松乳油或50%辛硫磷乳油500倍浸湿薯苗1分钟，稍晾后扦插；甘薯生长发育期间，每隔10~15天将1 000倍液乐斯本溶液均匀喷湿所有叶面，以开始有水珠顺着茎叶流向根部为宜，连续喷洒3~5次；在块根迅速膨大期间，用40~50倍茶麸水溶液根部淋施，每7~10天淋施一次，连续用药2~3次。

（3）地老虎　俗称土蚕、地蚕等，杂食性强。成虫、幼虫均能危害，以幼虫（蛴螬）为害最严重。幼虫栖息在土壤中，取食种薯萌发的新芽，造成缺苗断垄；咬断根茎、根系，使植株枯死，且伤口易被病菌侵入，造成植物病害。成虫取食寄主幼芽嫩叶，影响产量和品质。

防治措施：农业防治方法同蛴螬，可用泡桐树叶诱杀，采新鲜的泡桐树叶用水浸泡后，每亩50~70张，于傍晚放在被害田间，次日清晨人工捕捉叶下幼虫并杀死。药剂防治方法主要有：一是诱杀法，用90%敌百虫50克，均匀拌和切碎的鲜草30~40千克，再加少量的水，傍晚撒在田间附近诱杀幼虫；二是叶面喷施法，可用40.7%毒死蜱乳油1 000倍液，或用2.5%溴氰菊酯乳油3 000倍液，或用10%溴马乳油2 000倍液等叶面喷施；三是药土法，幼虫为害幼苗时，可用3%米乐尔颗粒剂2~5克，或用10%克线丹颗粒剂4~5千克，或用90%晶体敌百虫1.5千克等药剂拌和干细土20千克，撒施于根际周围，虫害严重时也可于定植时穴施。

（4）甘薯麦蛾　又称甘薯卷叶蛾，主要以幼虫吐丝卷叶，在卷叶内取食叶肉，留下白色表皮，状似薄膜，幼虫还可为害嫩茎和嫩梢，发生严重时，大部分薯叶被卷食，整片呈现"火烧"

现象，危害严重时仅剩下叶脉和叶柄。

防治措施：农业防治方法同蛴螬。药剂防治应掌握在幼虫发生初期施药，喷药时间以下午 4 ~ 5 时为宜，可用 48% 乐斯本乳油 1 000 ~ 1 500 倍液，或用 40% 氧化乐果 1 000 ~ 1 500 倍液喷雾防治。

（5）甘薯天蛾　又称旋花天蛾，主要以幼虫食害叶片和嫩茎，严重时吃光叶片，仅剩叶柄，严重影响产量。

防治措施：①冬翻冻土，破坏越冬环境，杀死虫蛹以减少虫源。②结合田间管理捕杀幼虫。③诱杀成虫。利用成虫吸食花蜜的习性，在成虫盛发期用糖浆毒饵诱杀。④药剂防治。可用 90% 晶体敌百虫 2 000 倍液或 20% Bt 乳剂 500 倍液喷雾。

（6）红蜘蛛　以口针吸食汁液为害叶、枝，而以叶片为害最重。受害叶片的正面呈现黄白色似针尖状斑点，为害严重时叶面出现红点，红点范围逐渐扩大，最后变成锈红色，严重时大面积受害，叶片焦枯脱落，甚至整株枯死。

防治措施：农业防治方法同蛴螬。药剂防治，可用 10% 扫螨净 2 000 倍，或用 1.8% 阿维菌素 3 000 倍液，或用 2.5% 功夫乳油 2 000 倍液喷雾防治。

（五）甘薯集约种植生产实例

1. 蚕豆 + 榨菜/玉米/甘薯

江苏东南沿海地区应用该模式，每亩可产青蚕豆（籽粒）350 千克或收干蚕豆 150 千克，榨菜 2 500 千克，玉米 450 千克，甘薯 2 500 千克。

（1）茬口配置　150 厘米为一组合。蚕豆于 10 月 15 ~ 20 日播种，每组合种植 1 行蚕豆，穴距 23 厘米；榨菜于 9 月下旬育苗，10 月下旬在蚕豆空幅中间种植 4 行，4 行榨菜中间配好 50 厘米玉米垛，平均行距 30 厘米，株距 15 厘米；翌年 3 月底、4

月初在4行榨菜中间种植一行双排玉米，玉米行距150厘米，株距20厘米；甘薯栽插一般在6月中下旬进行，蚕豆收获后在玉米行间栽插2行甘薯，垄高35~40厘米，垄背宽50厘米，株距25厘米，入土节数不少于5节，同时浇足水，确保早醒棵。

（2）品种选用　①蚕豆。选用"日本大白皮"或地方优良大粒蚕豆品种。②榨菜。选用"桐农1号"等品种。③玉米。选择早熟高产春玉米品种。④甘薯，选用优质高产品种。

（3）培管要点　①蚕豆。每亩施过磷酸钙30~40千克作基肥，及时用药防治地下害虫，3月上中旬对长势旺盛、分枝密度过高的田块进行整枝，每米行长留健壮分枝50个左右，3月下旬至4月初每亩追施尿素5千克作花荚肥，重点防治蚕豆赤斑病。②榨菜。9月25~30育苗，秧大田比1∶7，苗龄35~40天开始移栽，移栽时每亩用25%复合肥80~100千克、过磷酸钙40~50千克作基肥，同时开好田间一套沟。活棵后每亩施尿素5千克作提苗肥，立春至雨水期间每亩施尿素8千克作返青肥，惊蛰至春分每亩施尿素15千克作膨大肥，做好壅根、防冻、清沟、理墒，防治白粉病、蚜虫等病虫害，适时收获。③玉米。榨菜叶深施作绿肥，同时每亩施用羊棚灰500千克、玉米专用肥50千克作基肥。玉米展开叶6~7叶期，每亩施用尿素7~8千克作拔节肥。玉米展开叶11~12叶时每亩施用碳铵50千克、或尿素20~25千克作穗肥，大喇叭口期用药灌心防治玉米螟。④甘薯。4月初后当地温达到14℃时排薯育苗。育苗前，整地施肥后做成宽150厘米的苗床，浇足底水，按33厘米左右的行距开埭播种5行，出苗后浇水、追肥。大田期间，追施好提苗肥、壮株结薯肥和长薯肥。提苗肥是薯苗在栽插成活后，每亩浇施尿肥3~5千克；壮株结薯肥是在栽后30天，每亩浇施尿素5~8千克；长薯肥是在薯藤叶封垄后，每亩浇施尿素5~8千克。另外，甘薯在起垄前应施用毒土防治好地下害虫，甘薯藤叶在封垄前每亩用多效唑50克对水喷雾，控制藤蔓旺长。

2. 油菜—甘薯 + 芝麻

江苏东南沿海地区应用该模式，每亩可产油菜250千克、甘薯3 000千克、芝麻25千克。

（1）茬口配置　秋播时，油菜移栽行距85厘米、株距18厘米；翌年油菜收获后，及时起垄、栽插甘薯（6月上中旬），高垄双行方式栽插，组合120厘米，垄高35厘米，垄背宽75～80厘米，每垄交栽插二行，株距23厘米；芝麻于6月中旬移栽在甘薯垄背上，株距50厘米。

（2）品种选用　①油菜。选用"沣油737""秦优10号""秦优11号"等高产品种；②甘薯。选用优质高产品种。③芝麻。选用"千头黑芝麻"品种。

（3）培管要点　①油菜。9月20～25日育苗，秧大田比0.2∶1，秧田每亩施复合肥10千克，肥土充分耕细整平后分畦播种，每亩种量0.5千克，出苗后注意蚜虫、青虫的防治，油菜秧苗3～4叶时喷好多效唑。油菜苗5～6叶（秧龄30～35天）适时移栽。移栽时，每亩大田用25%复合肥50千克作基肥，每亩施用尿素15～20千克作苔肥。及时防治地下害虫和油菜菌核病。②甘薯。4月初后当地温达到14℃时排薯育苗。育苗前，整地施肥后做成宽150厘米的苗床，浇足底水，按33厘米左右的行距开埄播种5行，出苗后浇水、追肥。薯苗栽插时入土节数4～6节，栽深5～7厘米，栽后浇足水、封好穴。大田期间，追施好提苗肥、壮株结薯肥和长薯肥。提苗肥是薯苗在栽插成活后，每亩浇施尿素3～5千克；壮株结薯肥是在栽后30天，每亩浇施尿素5～8千克；长薯肥是在薯藤叶封垄后，每亩浇施尿素5～8千克。另外，甘薯在起垄前应施用毒土防治好地下害虫，甘薯藤叶在封垄前每亩用多效唑50克对水喷雾，控制藤蔓旺长。③芝麻。5月中旬育苗，苗龄掌握在20～25天（叶龄3～4叶）

时开始移栽。苗期注重防治地老虎为害，中后期防治棉铃虫等夜蛾类害虫。

3. 马铃薯—甘薯+玉米—大蒜

江苏省苏中等地应用该模式，实现了粮经菜饲有机结合，农田产出率高，经济效益显著。

（1）茬口配置　春马铃薯，实现地膜加小棚覆盖以提早上市，垄畦双行种植，沟宽 25 厘米、行距 32 厘米，每亩种植 4 000 株；甘薯，3 月下旬采用温床地膜覆盖育苗，5 月下旬栽插薯苗，高垄栽培，行距 70 厘米，株距 25 厘米，每亩 3 000 株；玉米，采用营养钵育苗的在甘薯栽插前 25 天播种，也可直播（甘薯栽插后即可播种）；大蒜在甘薯、玉米收获后种植，作宽 2 米、高 20 厘米的高畦，行距 16.5 厘米、株距 10 厘米，每亩栽植 2 万株。

（2）品种选用　①马铃薯。可选用"克新 4 号"等高产品种。②甘薯。选择优质高产品种。③玉米。既可选用鲜食玉米优质品种（如苏玉糯系列等），也可选用普遍玉米高产品种（如"苏玉 29""苏玉 30"等）。④大蒜，可选用"二水早"或优良地方品种。

（3）培管要点　①马铃薯。播前施用腐熟畜栏肥 2 500 千克、过磷酸钙 20 千克、氯化钾 10 千克或草木灰 1 000 千克作基肥，出苗后用尿素 5 千克或腐熟人粪尿 500 千克，对水浇施，以促进早发、早封垄。②甘薯。斜插浅压苗。做到基肥足、苗肥早、裂缝肥巧、后期叶面肥补。③玉米。玉米与甘薯共生。玉米苗肥要适时早施，可结合追施甘薯苗肥兼施玉米苗肥，要重施玉米穗肥，每亩施用碳酸氢铵 50 千克，或用尿素 25 千克作穗肥。玉米粒肥，每亩可施用尿素 5~8 千克。④大蒜。结合耕翻整地，每亩施用熟熟厩肥 2 500 千克、饼肥 50 千克、过磷酸钙 40 千克作基肥。栽完蒜后，将畦耱平，浇水后趁湿用人工将地膜切入地中，覆盖到畦面。覆盖的地膜最好采用除膜，如无除草膜需在覆膜前在地面均匀喷洒除草剂进行封闭式除草。大蒜出苗后，需人工助苗出膜。大蒜生长期间，要及时浇水并随水追肥。追肥时，每亩施用尿素 10 千克，或叶面喷施 0.5% 尿素加 0.3% 磷酸二氢钾。

（六）甘薯的收获与贮藏

1. 甘薯的收获

甘薯块根是营养器官，在适宜的温度条件下，薯块能持续膨大。甘薯收获过早，缩短生育期，会降低产量，同时薯块易发生黑斑病和出现薯块发芽，不利于贮藏。收获过迟，块根常受冷害，淀粉糖化会降低块根出干率与出粉率，甚至遭受冷害降低耐贮藏性。确定甘薯收获适期，一是根据耕作制度，收获期安排在后作物播种适期之前；二是根据气温及霜期，当 5～10 厘米地温在 18℃ 左右时，块根增重减少，地温在 15℃ 时薯块停止膨大。因而当气温降至 15～18℃ 时收获。薯皮能防止病菌侵入，破皮受伤的薯块贮藏时容易发生烂窖。收获应选择晴天进行，做到细收、收净、轻刨、轻装、轻运、轻放，尽量减少薯块破伤。

2. 甘薯的贮藏

鲜薯贮藏是甘薯产后的一个重要环节。若薯块质量差、消毒不严、温湿度不适宜，会使黑斑病、软腐病等病害大量发生，品质变劣。因此，应创造适宜的环境条件，实现安全贮藏。

（1）薯块安全贮藏条件　①温度。刚入窖的薯块，高温（温度 32℃）、高湿（相对湿度 90%）环境有利于愈伤组织的形成。低于 9℃ 就会受冻害，抗性降低，软腐等腐生病菌易侵入引起烂薯。温度低于 -1.5℃ 时，薯块内细胞间隙结冰，组织受破坏，因冻害而腐烂。温度超过 15℃，薯块发芽消耗养分增多而降低品质。因此，甘薯贮藏期适宜的窖温范围为 10～15℃，尤以 10 ~ 14℃为最佳。②湿度。为保持薯块鲜度，窖内相对湿度以 80% ~ 90% 是为适宜。若相对湿度低于 70%，会使薯块失水，易发生皱缩、糠心或干腐。③空气。窖内要特别注意通气，装薯量不超过窖、棚空间的 2/3，不宜过早封窖，防止呼吸强度过大，发生缺氧呼吸。④薯块质量。对旧窖要进行消毒。凡受伤、带病、水渍或受冷害的薯块都应在入窖前剔除。

（2）贮藏方式　甘薯一般以窖藏方式进行贮藏。贮藏窖的形式较多，其基本原理是保温能力强，通风换气性能好，结构坚实，不塌不漏，不上水，便于管理和检查。窖型及容积大小可根据鲜薯贮藏量决定。窖内薯块不宜装堆过满，否则会因通气不良引起闷窖。贮藏窖的形式主要有丁字井窖、棚窖、屋窖、地上棚式贮藏窖、崖头窖（防空洞窖、山洞窖）和平温窖等。

（3）贮藏期间管理　薯块入窖前，要严格精选，并用 70% 甲基托布津可湿性粉剂 1 000 倍液，或用 50% 多菌灵 800 倍液进行薯块消毒。为保鲜，还可用甘薯防腐保鲜剂处理薯块。贮藏期管理要调节好温度、湿度及空气等环境因子，以防止闷窖、冷窖、湿窖及病害。贮藏期可分成以下 3 个阶段进行管理：①前期通风降温散湿。入窖 20 ~ 30 天，即冬前期（立冬至大雪），初期管理应以通风、散热、散湿为主。大屋窖高温愈合处理后，更应及时降温、通风。以后随气温降低，白天通气，晚上封闭，待窖温降至 15℃以下，再行封窖；②中期保温防寒。入冬以后，大雪至冬至，气温明显下降，是甘薯贮藏的低温季节，管理中心为保温防寒，要严闭窖门，堵塞漏洞。严寒低温时还应在窖的四周培土，窖顶及薯堆上盖草等保温。③后期稳定窖温及时通风换气。立春以后至 2 ~ 3 月，气温回升，雨水增多，寒暖多变。这一时期管理应以通风换气为主，稳定适宜窖温。既要注意通风散热，又要防寒保温，还要防止雨水渗漏或积水。需采取敞闭结合，并根据情况酌情向窖内喷水，保持湿度。

八、马铃薯高产高效栽培

马铃薯系茄科茄属植物，又名土豆、洋芋、洋山芋、地蛋、荷兰薯、山药蛋等，它起源于南美洲的秘鲁和玻利维亚的安第斯山区。其块茎可供食用，是重要的粮食、蔬菜兼用作物。我国南北各地普遍栽培，分布广泛。马铃薯营养丰富，每100克块茎中，含淀粉17.5克、糖1.0克、粗蛋白2.0克，以及各种维生素和矿物质。马铃薯块茎含有禾谷类粮食作物缺乏的胡萝卜素和维生素C。块茎水分多，脂肪少，单位体积的热量相当低，维生素C含量是苹果的10倍，B族维生素含量是苹果的4倍，各种矿物质是苹果的几倍至几十倍不等，是效果良好的降血压食物和减肥食品。马铃薯食用方法多样，在欧美一些国家多为主食，在我国许多地方则粮菜兼用，可作饲料，也可作加工淀粉、葡萄糖、乙醇的原料。由于马铃薯营养丰富齐全，且生长期短，宜与玉米、棉花、蔬菜、果树等间作套种，产量高，块茎极耐储运，其发展前景广阔。

（一）马铃薯的栽培特性

1. 马铃薯的形态特征

（1）根 浅根系作物，根系大部分分布在土壤表层，根系向外伸展范围较小（约50厘米）。根系分布在地表下30～40厘米，最深可达70厘米。马铃薯因繁殖方法不同而使根系有差别。用种子繁殖的根系有主根，从主根上生出许多侧根，侧根上有支根和根毛，主根和侧根有明显的区别。由于种子较小，初期形成的主根和侧根很不发达，导致幼苗生长缓慢。用块茎繁殖发出的根都为须根，无主根、侧根区别。随着植株的生长，须根逐渐增多，形成强大的根系。须根又分为两种。一种靠芽眼处的茎基部3～4节所生的根，称为初生根，是主要的吸收根，分枝力很强；二是发生在地下匍匐茎周围的根，每个匍匐茎的节上生出3～4条，叫匍匐根，吸收磷肥的能力较强，专为薯块提供水分和养分，有利于块茎中淀粉的积累。

（2）茎　可分为地上茎和地下茎，地下茎又分为匍匐茎和块茎。

①地上茎。幼苗出土后地上部的茎为地上茎，茎幼小时横断面为圆形，以后呈三棱形或四棱形。茎的棱边形成突起，称为翼，茎翼有直形翼与波形翼之分，是识别马铃薯种的标志之一。茎绿色，有的茎为花青素掩蔽，呈淡紫色，是区别品种的重要特征特性。早熟品种植株较矮，茎高50厘米左右，茎细弱，分枝较少而节位较高；中晚熟品种植株高大，茎高100厘米左右，茎比较粗壮，节间长，分枝较多，多产生于茎的基部。

②匍匐茎。块茎发芽出苗后形成植株，地表以下的茎为地下茎，地下茎间很短，在节间处生出根和匍匐茎。匍匐茎呈白色，其长短因品种不同差异很大，一般3～10厘米，早熟品种较短，晚熟品种较长。在高温多湿、氮肥过多或培土过晚过浅时，匍匐茎易露出地面而成为地上茎，从而形不成块茎而降低马铃薯产量。

③块茎。由匍匐茎顶端积累大量养分，膨大而形成的变态茎，是马铃薯的主要经济器官，同时又是繁殖器官。块茎与匍匐茎连接的一端称为脐部（又称尾部），另一端为顶部（又称头部）。块茎上产生芽眼，顶端芽眼密集，一般先发芽，有顶端优势；脐部芽眼较稀。块茎表面气孔（皮孔），通过气孔与外界进行气体交换，维持块茎的正常代谢。

优良品种薯形好，椭圆或长圆形，腹部不陷，表皮光滑，芽眼浅而少，以便清洗和去皮加工或食用。块茎皮色有白、黄、红及紫色，肉色有白、黄、紫等。有时由于环境条件不良会产生畸形薯，或在芽眼处继续膨大，形成小块茎，这种现象，称之二次生长。

（3）叶　出苗后最初生出的头几片叶为单叶，称为初生叶，叶毛较密，叶背面浅紫色。随着植株的生长，逐渐形成奇数羽状复叶，叶序对生。复叶一般由 7～11 片小叶组成，这些小叶大小依次相间排列。叶片有绿色、浅绿色、深绿色等。复叶呈螺旋形着生在茎上。复叶柄基部与茎连接处，有托叶 1 对，托叶形状有叶形、镰刀形、中间形，是识别品种的重要特征。正常健壮的植株复叶较大，小叶片平展而富有光泽，叶肉组织表现绿色深浅一致。

（4）花　聚伞花序。每朵花的小花梗着生在花序的分枝上，每个分枝着生 2～4 朵花。花为合瓣花，五角形，花萼有 5 个裂片，基部相连，多为绿色。花冠大小因品种而异，花色有白色、浅紫色、紫色、紫红色等。雌蕊 1 枚，着生在 5～7 枚雄蕊当中。每朵花开花时间为 3～5 天，一个花序开花持续 15～30 天，一般上午 8 点左右开花，下午 6 点左右闭花。早熟品种开花少，花期短。中晚熟品种开花较多，花期较长，一般开花 2～3 层。马铃薯是自花授粉作物，但是由于柱头与花粉成熟期不同步，能天然结果的品种较少。

（5）果实和种子　马铃薯的果实为浆果，圆形或椭圆形，淡绿或紫绿，有的品种带有褐色斑纹或白点。浆果直径 1.5 厘米左右，从受精到成熟需 30～40 天。成熟后的浆果呈淡绿色或浅黄色。浆果多为 2 心室，一般浆果内有 100～300 粒种子。马铃薯种子极小，千粒重 0.5～0.6 克，种子扁平近圆形或卵圆形，呈淡黄色和暗灰色，表面粗糙。新收获的种子有 5～6 个月的休眠期，休眠期过后种子才能正常发芽，当年发芽率极低，都是在翌年春天才进行催芽播种的。未通过休眠期的种子用1 500毫克/千克的赤霉素溶液浸种12小时，才能正常发芽。

2. 马铃薯的繁殖特性

马铃薯可用块茎繁殖、种子繁殖，也可用带芽茎段繁殖。一般多利用块茎营养繁殖，种子一般不能用于生产，因为马铃薯是四倍体异质性很强的作物，用种子种植后代分离严重。育种上则利用杂交种子或天然结出的种子种植进行选种。种子不带病毒，种植后生产出的种薯也不带病毒，对防止马铃薯病毒性种性退化起到了重要作用，我国一季作区有时用选择后的种子作种；中原春秋二季作区生长期短不能满足种子发育的时间要求，生长上不能用种子繁殖。马铃薯用块茎无性繁殖过程中容易受病毒侵染，造成病毒性退化，导致大幅度减产。目前国内外利用茎尖脱毒培育种薯，对防止马铃薯病毒性种性退化、提高马铃薯产量和品质是行之有效的手段。

3. 马铃薯的生长发育

马铃薯从播种到成熟收获，可分为块茎萌发和出苗期、幼苗期、发棵期、结薯期、淀粉积累期等5个发育阶段。早熟品种各个生长发育阶段需要时间短些，而中晚熟品种则长些。

（1）块茎萌发和出苗期　块茎的萌发是指从种薯播种到幼苗出土的过程。未催芽的种薯播种后，温度、湿度条件合适时30天左右幼苗出土，而温度低时则需40天才能出苗。催大芽加盖地膜播种的出苗最快，需20天左右。该时期是马铃薯出苗、建立根系，为壮株和结薯的准备阶段，其生长发育过程的快慢与好坏关系到马铃薯的全苗、壮苗和高产。这时期植株生长所需营养主要来源于母薯块，通过催芽处理（5~6个短壮芽），能够促使种薯达到最佳的生理年龄（壮龄）和最佳营养状态。

（2）幼苗期　从幼苗出土到开始现蕾为幼苗期，一般需要

15～20 天。此期末主茎叶片展开完毕，幼苗出现分枝，匍匐茎伸出，有的匍匐茎顶端开始膨大，第一段茎的顶端现蕾，幼苗期结束。幼苗期的植株总生长量不大，但却影响到植株的发棵、结薯和产量形成。此期的管理重点是及早中耕，协调土壤中的水分和氧气，促进根系发育，培育壮苗。

（3）发棵期　从开始现蕾到开花初期为发棵期，经过20～30 天生长，发棵期结束。发棵期以茎叶迅速生长为主，并逐步转向块茎生长为特点，是决定单株结薯多少的关键时期。发棵期要以建立强大的同化系统为中心，对水肥进行合理调控。前期以肥水促进茎叶生长，形成强大的地上部分；后期中耕培土，控秧促薯，使植株的生长中心由茎叶生长为主转向以地下块茎膨大为主。中原二季作区的秋马铃薯以及南方二季作区的秋冬或冬春马铃薯，此期正处于短日照生长条件下，发棵不足，不会引起茎叶徒长，因而不需人为控制。

（4）结薯期　盛花至终花期为结薯期，其长短受到品种、气候条件、栽培季节、病虫害和农艺措施等影响。结薯期植株生长旺盛达到顶峰，块茎膨大迅速达到盛期，是地上部分重量达最大值及块茎增重的最大量期，是产量形成的关键时期。这个时期的生长中心是新生块茎，块茎的体积和重量保持迅速增长趋势，直至收获。终花期后，植株叶片开始逐渐枯黄、甚至脱落，叶面积迅速下降。结薯期应加强田间管理和病虫害防治，防止茎叶早衰，尽量延长茎叶的功能期，促使块茎积累更多光合产物。

（5）淀粉积累期　结薯后期地上部茎叶变黄，进入块茎淀粉积累期，直到茎叶枯死成熟。此时块茎不再膨大，淀粉不断积累，块茎重量迅速增加，此期以淀粉积累为中心，能够持续到茎叶完全枯死。茎叶完全枯萎时，块茎充分成熟，逐渐转入休眠。此期既要防止叶片早衰，也要防止后期水分和氮肥过多而造成贪青晚熟。

4. 马铃薯生长对环境的要求

（1）温度　马铃薯性喜凉。块茎度过休眠期后，当温度超过5℃时，芽眼易萌动出芽。播种后，地温10～15℃时幼芽生长迅速，出苗较快。茎叶的生长与块茎的膨大要求的最适温度不一致。茎叶生长的最适温度21℃；温度超过25℃以上，茎叶生长缓慢；30℃以上时，呼吸作用增强，消耗掉大量营养，造成营养失调；当温度下降至－1～2℃时，植株易受冻死亡。马铃薯块茎对温度的反应比茎叶更敏感。块茎膨大最适宜地温为15～18℃，此时养分积累迅速，块茎膨大快，薯皮光滑，食味好；地温在10℃以下、24℃以上时块茎膨大缓慢；地温超过30℃以上时，呼吸作用大大增强，大量养分被消耗，块茎停止膨大，薯皮木栓化，表皮粗糙，淀粉含量低，食味差，产量低，不耐贮藏；地温下降到－1℃，块茎受冻，解冻后，水分大量渗出，块茎变软萎蔫，失去商品和食用价值。块茎贮藏最适宜的温度为1～4℃，超过5℃块茎容易发芽。

（2）水分　马铃薯生长期间需水量较大，其需水量的多少与品种、土壤种类、气候条件及生育阶段等有关。马铃薯生育期一般有300～400毫米均匀降水量，就能满足其对水分的要求。土壤含水量达到土壤最大持水量的60%～80%，植株生长发育正常。现蕾至开花是马铃薯需水量最多的阶段，水分不足、土壤干旱时，植株会萎蔫停止生长，叶片发黄，块茎表皮细胞木栓化，薯皮老化，块茎会停止膨大，这种现象称为停歇现象。当降雨或浇水后，植株恢复，重新生长，这种现象称为倒青现象。表皮细胞木栓化的块茎，不能继续膨大，有的从芽眼处形成新幼芽，窜出地面形成新的植株，或在芽眼处形成新的块茎，有的形成珠薯、子薯或其他奇形怪状的畸形薯。生长后期，需水量逐渐减少，当田间水分过大时，土壤透气性差，块茎含水量增加，易引起病原菌侵染而造成田间块茎腐烂，块茎收获后不耐贮藏。总之，生育后期应注意雨后田间排水，以防田间积水造成烂薯。

（3）光照　马铃薯是喜光作物，种植过密、施氮肥过多，枝叶过旺、相互遮阴等都会影响光合作用，影响产量。长日照对茎叶生长和开花有利，短日照有利于养分积累和块茎膨大。日照时间以 12~13 小时为宜。在此日照条件下，茎叶发达，光合作用强，养分积累多，块茎产量高。一般来说，高温、长日照和相对弱光对马铃薯地上部分生长有利；而相对较低温度、短日照和强光，则有利于块茎的膨大。因此，栽培马铃薯调整其生长前期，使之处于长日照下，形成强大的同化器官和较多的匍匐茎，生长后期使之处于渐次缩短的条件下，可望获得高产。

早熟品种对日长反应不敏感，而晚熟品种则必须经过渐次缩短的日照条件，才能获得高产。二季作地区，春季日照较长，秋季日照较短，在生产中应选择对光照不敏感的早熟品种，这样才能获得春秋两季高产。

马铃薯含有微量龙葵素（马铃薯素），是一种有毒物质，如果含量高，则使得块茎食用时让人感觉有麻味、涩味。马铃薯在生长过程中，管理粗放，培土过晚、过薄，块茎膨大露出地面，受阳光照射或收获后贮藏室光线明亮，会使块茎变绿，龙葵素含量增高，从而失去食用价值

光对幼芽有抑制作用。块茎度过休眠期后，在温度适宜、黑暗的条件下，块茎上的幼芽黄白细长；将块茎放在射光条件下，块茎上长出的幼芽粗壮发绿。种薯播种前春化（暖化）处理，应在散射光条件下进行。早熟栽培催大芽，芽催成后，应摊放在室内散射光条件下绿化。这样播种后出苗早，苗壮，产量高。

（4）土壤　土壤肥沃深厚、疏松透气性好的沙壤土有利于马铃薯块茎膨大生长，且块茎淀粉含量高，食味好，薯皮光滑，商品性好。但沙性过大，保肥、保水能力差，不利于高产，应多施有机肥，化肥分多次施，但每次量应少些；黏性土壤透气性

差，不利于块茎生长发育，易产生畸形块茎，且薯皮粗糙，品质差，易造成腐烂。但黏性土壤一般肥力好，保墒性能好，但只要多施有机肥，掺沙改良土壤，勤中耕疏松土壤，马铃薯同样可以获得高产。

最适宜马铃薯生长的土壤 pH 值为 5 ~ 5.5。在 pH 值为 4.8 ~ 7.0 的土壤种植马铃薯，生长比较正常。在 pH 值为 4.8 以下的酸性土壤上有些品种表现早衰减产。多数品种在 pH 值为 5.5 ~ 6.5 的土壤中生长良好，块茎淀粉含量有增加的趋势。土壤 pH 值为 6 ~ 7 时疮痂病发生严重，pH 值高于 7 时产量下降。在强碱性土壤上种植马铃薯，有的品种播种后不能出苗。

（5）空气　空气中二氧化碳含量达到 0.1% 时非常有利于马铃薯生长，每亩马铃薯每昼夜约需要吸收二氧化碳 20 千克。施用厩肥、草粪、饼肥等有机肥料，在土壤中被微生物分解后，会释放出二氧化碳。施用碳酸氢铵、尿素等氮素化肥，分解后也能释放出一定量的二氧化碳。马铃薯块茎在土壤中膨大时，需要足够的空气。空气不足，块茎呼吸作用受到影响，易造成块茎腐烂。保证土壤良好的透气性，是马铃薯丰产的重要条件。

（6）营养条件　马铃薯需要二十多种营养元素，需要量较多的是氮、磷、钾三大元素。其中对钾需要量最多、氮次之、磷最少，三者比例为 4∶2∶1。钾肥充足，植株生长健壮，茎秆坚实，叶片肥厚，植株抗病能力强，对促进茎叶的光合作用和块茎膨大有重要作用。氮肥充足，对提高块茎产量和蛋白质含量作用较大；氮肥过多时导致茎叶徒长，成熟延迟，块茎产量低，品质差；氮肥不足时植株矮小、细弱，植株下部叶片早枯，产量下降。马铃薯的需磷量较少，但磷对植株生长发育与增产很显著。马铃薯对磷肥的吸收比较均衡，早期磷肥主要促进根系发育和幼苗生长，后期则有利于淀粉合成和积累，开花期缺磷叶片皱缩呈深绿色，严重时基部呈淡紫色，叶柄下竖，叶片变小。结薯期缺磷影响块茎养分积累及膨大，块茎易发生空心，薯肉有锈斑，硬化煮不熟，影响食用品质。马铃薯生长发育过程中还需要多种微量元素，栽培时应注重锰、硼、镁、锌、钙、铜等微肥施用。

（二）马铃薯的类型和品种

1. 马铃薯的品种类型

马铃薯栽培品种按块茎皮色分为红、黄、紫及白等色，按肉色分有黄肉和白肉两种。

按照块茎成熟期早迟，可分为早熟种、中熟种和晚熟种。从出苗后至块茎成熟天数，早熟种为 50～70 天，中熟种为 80～90 天，晚熟种达 100 天以上。

根据块茎休眠强度和长短还可分为无休眠期、休眠短、休眠期中等和休眠期长等类型。块茎在 20～25℃ 的条件下，休眠期短的收后 30 天左右通过休眠；休眠期中等的，收后 60 天左右通过休眠；休眠期长的，收后 90 天以上通过休眠。二季栽培宜选用休眠强度弱的和休眠期短的品种。

根据块茎用途，还可分为鲜食用（菜用）型、淀粉加工专用型品种、薯片加工专用型、薯条加工专用型品种。

2. 马铃薯的主要良种

（1）东农 303　东北农学院育成。早熟，从出苗至收获 60 天左右。株型直立，茎秆直立，分枝中等，株高 45 厘米左右，茎绿色。叶色浅绿，复叶较大，叶缘平展，花冠白色，不能天然结实。块茎扁卵形，黄皮黄肉，表皮光滑，芽眼较浅。结薯集中，单株结薯 6～7 个，块茎大小中等。块茎休眠期较长。淀粉含量 13.1%～14%，蒸食品质优，食味佳。植株感晚疫病，高抗花叶病毒病，轻感卷叶病毒病，耐纺缍类病毒。

（2）早大白　辽宁本溪马铃薯研究所育成。早熟，从出苗至成熟 55～60 天。株型半直立，繁茂性中等，株高 50～60 厘米，茎叶绿色，花冠白色，天然结实性偏弱。块茎扁圆形，白皮白肉，表皮光滑，芽眼小、较浅。结薯集中，单株结薯3~4个，中大薯率高，商品性好。块茎休眠期中等。淀粉含量11%~13%，食味中等，耐贮性一般。苗期喜温抗旱，耐病毒病，较抗环腐病，感晚疫病。

（3）费乌瑞它　由荷兰引入，有很多别名（如鲁引1号、津引8号等）。早熟，出苗后60~65天可收获。株型直立，分枝少，株高50~60厘米。根系发达，茎粗壮、基部紫褐色，复叶宽大肥厚深绿色，叶缘有轻微波状，生长势强。花冠蓝紫色，可天然结实。块茎扁长、椭圆形，顶端圆形。皮肉淡黄色，表皮光滑细腻，芽眼少而浅平。结薯集中，单株结薯4个左右，薯块大而整齐，商品率高。块茎休眠期50天左右。淀粉含量12%~14%，品质好适宜鲜食，较耐储藏。易感晚疫病，轻感环腐病和青枯病。

（4）中薯7号　中国农业科学院蔬菜花卉研究所育成。出苗后生育期64天。株型半直立，生长势强，株高50厘米，叶深绿色，茎紫色，花冠紫红色，块茎圆形、淡黄皮、肉乳白。薯皮光滑、芽眼浅，匍匐茎短，结薯集中，商品薯率平均61.7%。淀粉含量13.2%。抗叶病毒病，高抗重花叶病毒病，轻度至中度感晚疫病。

（5）中薯3号　中国农业科学院蔬菜花卉研究所育成。早熟，出苗到收获约60天。株高55~60厘米，株型直立，茎紫色，分枝较少。复叶较大，小叶绿色，茸毛少，4对小侧叶。花冠白色，花药橙黄色，能天然结实。块茎扁圆形或扁椭圆形，芽眼浅，表皮光滑，皮肉均为黄色。薯块大而均匀，大、中薯率90%以上。结薯集中，单株结薯4~5个。春薯收获后55~65天后可通过休眠，比较耐贮藏。食用品质好。淀粉含量12%。田间表现抗重花叶病毒病，较抗普遍花叶病毒和卷叶病毒，不抗晚疫病。

（6）中薯 2 号　中国农业科学院蔬菜花卉研究所育成。极早熟品种，出苗到收获 50 ~ 60 天。株高 65 厘米，株型扩散。茎浅褐色，分枝较少。叶色深绿，长势强。花紫红色，花多。块茎近圆形，皮肉淡黄，表皮光滑，芽眼深度中等。结薯集中，块茎大而整齐，单株结薯 4 ~ 6 块。休眠期 60 天，淀粉含量 14% ~ 17%。植株抗花叶和卷叶病毒病，易感染疮痂病。对肥水要求较高，干旱缺水易产生畸形薯块。

（7）立新 4 号　黑龙江省农业科学院马铃薯研究所育成。早熟品种，株高 60 厘米左右，株型开展，分枝少。茎绿色，长势中等，叶浅绿色，花白色。块茎圆形，顶部平，黄皮浅黄内，表皮光滑，块茎整齐，芽眼中浅。结薯集中，休眠期短，耐贮藏。淀粉含量 12% ~ 13.3%。蒸食品质优。植株感晚疫病，块茎较抗晚疫病，但感环腐病。

（三）马铃薯优质高产栽培

1. 整地施肥

应选择地势较高、土地平坦、排灌方便的地块种植，以防雨后田间积水，造成烂种死苗。要合理轮作，切忌连作。前茬以黄瓜、西瓜、豆类、大蒜、洋葱、小麦、油菜等为好，不能以甘薯、糖甜菜和番茄、茄子、辣椒等茄科蔬菜作前茬。土层深厚有利于马铃薯块茎的膨大，因而要求耕深 25 ~ 35 厘米。春作马铃薯，应选择疏松、通透、肥沃的壤土或沙壤土地块。秋冬深耕有利于土壤的熟化，是土壤深厚疏松的基础，早春播前再犁翻 1 ~ 2 次，耕平耙细土块。长江流域雨水较多，应做成高畦，畦宽 2 ~ 3 米，沟深 20 ~ 25 厘米。结合整地，每亩施用腐熟的有机肥 2 000 ~ 3 000 千克。基肥多时，可将 1/2 ~ 2/3 翻入地下，余者播种时沟施。基肥不足时，全部作种肥沟施。播种时，每亩沟施尿素 2.5 ~ 5 千克、过磷酸钙 10 ~ 15 千克、草木灰 25 ~ 50 千克，或施用复合肥 5 ~ 10 千克。

2. 种薯选用与处理

（1）种薯选用　品种选用要适应当地耕作制度。例如：一年二作区要求早熟、株矮而株型紧凑的品种以适应间、套作与复种；秋马铃薯应选用早熟丰产、休眠期短、易于在高温下催芽生根和抗病耐寒的品种。病害严重地区，应立足抗病稳产选择品种。种薯宜选择健康无病、无破损、表皮光滑、均匀一致、贮藏良好的薯块。

（2）种薯消毒　种薯消毒是用药剂杀死种薯表面所带病菌。从外地调进的种薯，必须进行种薯消毒。一般用 0.3% ~ 0.5% 福尔马林浸泡 20 ~ 30 分钟，取出后用塑料袋或密闭容器封 6 小时左右，或用 0.5% 硫酸铜溶液浸泡 2 小时进行消毒，也可以用 50% 多菌灵 500 倍液浸种 15 ~ 22 分钟。

（3）种薯大小与切块　提倡用小整薯作种。小整薯比同等大小的切块芽眼多，每穴茎多，出苗快而整齐，抗旱、抗寒力强，生产上宜采用 25 ~ 30 克健壮小整薯作种。种薯过大时，生产上常进行种薯切块，切块通常采用纵切，使每切块都能带有顶部芽眼。切块大小以 30 ~ 50 克为宜，每块有 1 ~ 3 个芽眼，切伤面小，切后贮放在 85% 的相对湿度、15 ~ 23℃温度条件下，并避免日光直射，3 ~ 5 天切面木栓化后即可播种。

（4）催芽　用秋薯作春播用种，或用春薯作秋播种薯时，由于种薯尚未通过休眠期，直接播种不能发芽，必须进行催芽。最常用的催芽方法是湿沙层积法，即：将种薯切块后用湿沙或锯末分层层积于土坑或温床上，厚度约 50 厘米，早春催芽温度低，盖以薄膜，保持层积物湿润和温度 20℃、15 ~ 20 天即可发芽；芽长 2 厘米时要见光炼苗，然后播种。未通过休眠期的种薯，催芽前应先打破休眠，可用 0.5 ~ 1 毫克/千克的赤霉素溶液浸种

10~15分钟。此外，对已通过休眠的种薯进行散光催芽，放在室内或室外避风有散射光的地方平铺2~3层，经常翻动，使均匀见光，幼苗长1~1.5厘米，块茎及幼芽变绿，根点突出，即可播种。这样，可收到苗齐、苗壮、地上茎节短、早结薯、多结薯的效果。

3. 播种期

适期播种是使马铃薯各生育期处于适宜外界条件下良好生长的重要措施。适期播种应遵循以下原则：①根据品种特性，将结薯期安排在平均气温15℃以上、23℃以下，日长不超过14小时的时期，出苗后不遭受晚霜危害。②趋利避害，避开自然灾害与病虫盛发期。③有利于前后作及间、套作物的安排。

以江苏为例，5~6月气温已达到或超过马铃薯生长适应的高限，加之终霜期在3~4月，以及雨季在6月开始。因此，春季适期应把握好以下3点：一是终霜时齐苗；二是结薯期处于最适温度条件且经历日期较长；三是夏天雨季到来前产量已形成。春马铃薯当气温稳定在5℃以上时即可播种，通常于2月下旬至3月上旬播种（拱棚覆盖生产的可提早至1月上中旬），5月下旬至6月上中旬收获，各项技术应掌握"早"，做到断霜时齐苗。秋季8月份播种，11月收获。

4. 播种密度和种植方式

马铃薯种植适宜密度因种植区域、种植品种、种植方式、种植目的的不同而有较大差别。例如：北方一季作区，生长期较长，选用中晚熟品种，其适宜的种植密度每亩3 500~4 000株；中原春秋二季作区，因生长期短，每亩密度4 000~4 500株，留种田的每亩密度可增至6 000~6 500株（以提高繁殖系数）；南方秋冬或冬春马铃薯二季作区，种植密度因栽培品种而异，单作每亩4 000~6 000株，间作每亩2 500~3 500株；西南马铃薯一二季垂直分布区，早熟品种种植密度每亩4 000~6 000株，中熟品种每亩 3 500 ~ 4 000 株。

生产上，多采用宽行窄穴、宽窄行的密度配置方式。一般行距 60 ~ 70 厘米，穴距 25 ~ 30 厘米；宽窄行播种的，宽行 75 ~ 80 厘米，窄行 25 ~ 30 厘米。

长江流域可采用高畦开浅沟方式种植，种后覆土 10 ~ 15 厘米。

5. 田间管理

（1）发芽出苗期　管理重点是除草和促进出苗、防止缺苗。发芽期一般不浇水，如遇干旱可浇小水，浇后立即松土。露地直播的地块，播种后如遇雨，则要在雨后及时破除板结，防止土壤板结影响出苗。马铃薯对许多除草剂非常敏感，易造成药害，因而要注意在苗前化除。

（2）幼苗期　此期是从幼苗出土到开始现蕾。管理目标是以促下带上，达到苗齐、苗壮、根深叶茂。管理措施：①补苗定苗。齐苗后应及时查苗、补苗和定苗。补苗要早，需从茎数较多的穴内取苗，栽植时要深挖穴，多浇水，并把下部叶片去掉，仅留顶梢 2 ~ 3 叶。气温高时，可用树枝遮阳保湿以利于生根成活。定苗时每块马铃薯保留 1 ~ 2 株壮苗，去掉多余弱小苗。②中耕松土。露地播种的，在幼苗期进行 1 ~ 2 次中耕，中耕时要离根系远些。齐苗后，结合除草及时进行第 1 次中耕，深度 8 ~ 10 厘米。第 2 次中耕结合浅培土，在第 1 次中耕 10 ~ 15 天进行，此次深度稍浅（5 ~ 7 厘米）。③水肥管理。在施足基肥的前提下，幼苗期追肥可获得较大的增产效果。一般在齐苗前后追施芽、苗肥，以清粪水加少量氮素化肥施用为好。现薯期看苗追施第 2 次肥，植株现蕾时株高应为最大高度的 2/3，如达不到此标准或叶色褪淡，下部出现黄叶时应追肥，每亩追施氯化钾 5 千克再配施适量氮素化肥。追肥总量应控制在纯氮 5 千克以内。植株封行或开花后不再进行根际追肥。二季作区马铃薯生育期短，应早追肥促早发，将氮、钾化肥在齐苗期一次施下，以充分发挥肥效。苗期植株抗旱力强，一般不需要灌溉，土壤含水量保持在最大持水量的50%～60%即可。④防治虫害。出苗前后应注意防止地下害虫。

（3）茎块形成期　此期从开始现蕾到开花初期，要求以促为主、促上带下，达到地上部茎秆粗壮，枝多叶绿，多结薯。现蕾期进行最后一次中耕，此次深度宜浅，以防损伤匍匐茎，植株封垄前培土高度要达到15～20厘米。茎块形成期需水量多，此期土壤含水量以保持土壤最大持水量的60%～75%为宜，遇旱应灌溉，以防干旱中止块茎形成。此外，还可摘花摘蕾，以调节养分的分配。遇有徒长倾向时，可喷施植物生长延缓剂（如多效唑、矮壮素等），控制茎叶生长，促进薯块膨大。同时，应加强蚜虫、晚疫病、青枯病等病虫害的防治。

（4）结薯期　此期要控制徒长，促进块茎迅速膨大，延长盛长期，后期要防止早衰。该阶段耗水量约占全生育期的1/2，田间适宜的含水量在决定高产中有重要作用，土壤水分以保持最大持水量的60%～75%为宜。根据需要进行合理灌排。一般不再进行根际追肥，对于缺肥的田块，可用0.4%的尿素和0.1%磷酸二氢钾溶液进行根外追肥。开花后应注意防治晚疫病。

（四）马铃薯主要病虫害防治

1. 主要病害的防治

马铃薯主要病害有晚疫病、早疫病、环腐病、疮痂病、病毒病、癌肿病、干腐病、水薯、黑心病、块茎内部黑斑、块茎空心和褐心病等。

（1）晚疫病　马铃薯的一种普遍性病害，在我国中部、北部大部分地区都有发生，发生严重年份，可使生产遭受20%～40%的损失。马铃薯的叶、茎、块茎均能受害。叶片发病，先由叶尖或叶缘开始，病斑呈水浸状小斑点。气候潮湿时，病斑迅速扩大，腐烂发黑，没有明显的边缘界限。在雨后或有露水的早晨，叶背病斑边缘生成一圈白霉，严重时，植株叶片萎垂，全株枯死。气候干燥时病斑蔓延很慢，干枯变褐，逐渐向周围和内部发展。土壤干燥时，病部发硬成干腐。土壤潮湿时，也可长出白霉，当有杂菌侵入后，则常呈软腐。在块茎贮藏期间也会发生和发展。

防治措施：①选用抗病品种。②建立无病留种田。在不发病区，未发病田块选留种薯。贮存和播种前严格挑选无病薯作种。③种薯处理。播种催芽前，对种薯进行灭菌处理，以消灭种薯上的病菌。常用的方法有温水浸种和药剂浸种，温水浸种即把种薯放入40~50℃的温水中预浸1分钟，种薯和温水的比例为1:4。处理中水温自然下降，但不能低于50℃。有条件时，利用流水式浸种比缸浸式要好。药剂浸种，用200倍的甲醛水溶液浸种5分钟，堆闷2小时，晾凉后再催芽播种。④加强田间管理。避免在低洼地、土壤黏重地栽培，尽量选用地势高燥、肥沃、疏松的沙性土壤种植。施足有机肥，合理追肥灌溉，促进植株健壮生长，增强抗病力。及时进行中耕除草和培土，雨后及时排水，保护薯块减少染病。发现病株，及早清除田外深埋或烧毁。在流行年份，应提早割蔓，2周后再收薯块，可避免薯块与病株接触，降低薯块带病率。⑤药剂防治。用53%金雷多米尔可湿性粉剂800倍液，或用58%瑞毒霉锰锌500~600倍液，或用80%大生可湿性粉剂400~800倍液，或用25%的瑞毒霉（甲霜灵）可湿性粉剂500倍液，或用72%的克露可湿性粉剂600~800倍液，在薯苗封行后，阴雨天来临前每7~10天喷1次，2~3次即可控制病害，可用其中一种药物，但最好选择其中之二交替用药，效果更好。

（2）早疫病　真菌病害。马铃薯早疫病可为害叶片、茎、薯块。茎、叶发病，产生近圆形或不规则形褐色病斑，上有黑色同心轮纹，病斑外缘有黄色晕圈，病斑正面产和黑色霉。薯块发病，形成圆形或不规则形暗褐色病斑，病斑下组织干腐变褐色。

防治措施同晚疫病。

（3）环腐病 细菌性维管束病害。马铃薯环腐病只为害马铃薯，受害后可造成10% ~30%的减产，在贮存中可继续发病。田间发病早而重的可引起死苗，一般的只是生长迟缓，植株明显的矮缩、瘦弱，分枝少，叶片变小，皱缩不展。发病晚而轻的顶部叶片变小，后期才表现1~2枝条或整株萎蔫。一般在开花期前后开始表现症状，叶片褪色，叶脉间变黄，出现褐色的病斑，叶缘向上卷曲，自下向上叶片凋萎，但不脱落，最后全株枯死。薯块外部无明显症状，只是皮色变暗，芽眼发黑枯死，也有的表面龟裂，切开后可见到维管束呈乳白色或黄褐色的环状部分，有手挤压，流出乳黄色细菌黏液。重病薯块病部变黑褐色，生环状空洞，用手挤压，薯皮与薯心易分离。

防治措施：①选用抗病品种。②严格挑选种薯以淘汰病薯，采用小型薯块整薯播种，连续3年可大大减轻病害。③用草木灰拌种，种薯切块后用纯草木灰拌种，有一定的消毒杀菌作用。④严格对切刀和装种薯器具进行消毒。对库、筐、篓、袋、箱等存放种薯和芽块的设备、工具，都要事先用次氯酸钠、漂白粉、硫磺等杀菌剂进行处理。在分切芽块时，每人用两把刀，轮流使用，这样总有一把刀泡在3%的石炭酸或5%来苏儿等药液中，或在开水锅内消毒。

（4）疮痂病 只侵害块茎。薯块上初呈褐色圆形或不规则形小点，表面粗糙，扩大后呈疮痂状硬斑。病斑只限于块茎皮部，不深入薯内。常常数个疮痂相连，造成很深的裂口，病块茎品质变劣，不耐贮藏。

防治措施：①合理轮作。与豆科、葫芦科、百合科、葵科等蔬菜实行 2 ~ 3 年的轮作，勿与根菜类连作。②在无病田留种，繁殖无病种薯。③改良土壤。多施有机肥和绿肥，改良碱性土壤，减轻病害发生。④药剂浸种。用 0.1% 升汞水浸种 1.5 小时，浸后用清水洗净；或用 50℃ 的福尔马林 120 倍液浸种 4 分钟，浸种后用清水洗净，再催芽播种。

（5）病毒病　由多种病毒侵染引起，其中的一些病毒除了为害马铃薯外，还可侵染番茄、甜椒、大白菜等作物。病毒病是马铃薯发生普遍而又严重的病害，世界各地均有发生，严重地降低产量。马铃薯发生病毒病主要有 3 种症状。①花叶症。叶子上出现淡绿、黄绿和浓绿相间的花斑，叶子缩小，叶尖向下弯曲，皱缩，植株矮化。严重时，全株发生坏死性花斑，叶片严重皱缩，甚至枯死，该症一般称为皱缩花叶病，有时表现为隐症，但可以成为侵染源，一般在薯块上没有症状。②卷叶症。病株叶片边缘向上卷曲，重时呈圆筒状，色淡，有时叶背呈现红色或紫红色。叶片变硬，革质化，稍直立。严重时，株形松散，节间缩短，植株矮化，有时早死，有此品种病株块茎切面呈网状坏死斑。一般称为卷叶病。③条斑病。发病植株顶部叶片的叶脉产生斑驳，后背面叶脉坏死，严重时沿叶柄漫延到主茎，主茎上产生褐色条斑，导致叶片完全坏死并萎蔫。病株矮小，茎叶变脆，节间短，叶片呈花叶状，丛生。一般称为条斑病。

防治措施：①选用无病种薯。可通过单株选种、茎尖脱毒培养、实生苗法、热处理法、阳畦留种、整薯播种等方法，实现种薯的无毒或是少毒。②选用抗病品种。③防治蚜虫。及早把蚜虫消灭在发生初期。④加强栽培管理。留种用的春播马铃薯应适当早播早收，秋播马铃薯应适当晚播，避免高温干旱条件下结薯块。贮存期间保持 1 ~ 4℃，防止高温退化。生长期应水肥充足，提高植株抗病力。

（6）癌肿病　该病是为害性极大，为我国危险性检疫对象。

除根部外的各个部位受害后，都能形成大小不一的肿瘤，小的如油菜籽，大的可长满整个薯块，个别的可超过薯块的百倍以上。瘤状组织初为黄白色，露出土表的肿瘤变为绿色，后期变为黑褐色，易腐烂并产生恶臭味。带菌种薯在贮藏期还可继续侵染而致烂害。

防治措施：①严格检疫。病区种薯不能外调应用，病区土壤也不能外移。②选用抗病品种。③合理轮作。病田忌连作，应与非茄科作物实现长期的轮作。

（7）干腐病　贮藏期一种病害。块茎受害后，薯皮颜色发暗，青灰或青褐色，后呈环状皱缩。病薯空心，空腔内长满菌丝，最后薯肉变成深褐色或灰褐色，僵缩、干腐，一捏即成粉状。

防治措施：在收获、贮藏过程中，尽量避免机械损伤。贮藏前剔除病、伤薯块。保持贮藏温度在 $1\sim4{}^\circ\!C$，切忌高温。

（8）水薯　水薯病症是切开薯块后可见薯肉稍有透明，随后略变淡褐色或紫色。病因是氮肥用量过多，造成茎叶徒长倒伏，影响了光合作用，使同化产物积累减少；同时，氮肥过多，促进了细胞的分裂，使块茎的膨大速度加快，因而影响了淀粉的积累，形成了含水量高而淀粉含量低的水薯。用有水薯的块茎作种薯，播种后极易腐烂，即使能发芽的，发芽力弱不能形成壮苗。

防治措施：适量施肥，氮、磷、钾肥合理配合；选用不易产生水薯的品种。

（9）黑心病　贮藏期间的生理病害。块茎的外观常不表现症状，切开块茎后，中心部呈黑色或褐色，变色部分轮廓清晰，形状不规则，有的变黑部分分散在薯肉中间，有的变黑部分中空，变黑部分失水变硬，呈革质状，放置在室温条件下还可变软。有时切开薯块无病斑，但在空气中其中心部很快变成褐色，进而变成黑色。发病严重时，黑色部分延伸到芽眼部，外皮局部变褐，易受外界病菌感染而腐烂。染病块茎作种薯播种后，多腐烂而不能出苗。该病的病因是贮藏期间的高温和通气不良。贮藏的块茎在缺氧的情况下，40~42℃下1~2天，或36℃下3天，或27~30℃下6~12天即能发生黑色心腐病。即使在低温条件下，长期的通气不良也能发病。该病多发生在块茎运输过程中、呼吸旺盛的早春、刚收获后和块茎堆积过厚等情况下，块茎内部本来就容易缺氧，在高温条件下，由于呼吸增强，耗氧多，进一步造成了缺氧状态。

防治措施：运输和贮藏过程中，避免高温和通气不良；防止块茎堆积过高，注意保持低温；防止长时间日晒；大田生产过程中，要创造适宜的温度环境，防止高温。

（10）块茎内部黑斑　块茎运输过程中遭到碰撞，造成皮下组织损伤、24小时后，损伤部位变成黑褐色。变黑的程度与温度有密切关系，一般在低于10℃条件下空易发生。受碰撞损伤部位的细胞，由于引起氧化而产生黑色色素，使组织局部变黑。病薯表面一般没有异常现象，但剥去皮后，可见到内部黑斑。一个块茎上2~5个部位有黑斑，其形状有圆形、椭圆形、不规划形等。黑斑直径从数毫米到20毫米，切开薯块后可见黑斑沿维管束扩展或穿过维管束扩展到块茎内部。

防治措施：块茎充分成熟后再收获，收获时要选择晴天和温度较高的天气，最好地温在10℃以上。收获和运输过程中，要避免各种碰撞冲击，减少损伤。

（11）块茎空心　块茎急剧膨大增长是形成空心的基本原因。生育期多肥、多雨或株间过大、块茎急剧增大，大量吸收了水分，淀粉再度转化为糖，造成块茎体积大而干物质少，因而形成了空心。田间缺株的相邻株，以及缺钾的情况下，都容易发生空心现象。块茎空心是在块茎中央部位发生的，块茎外表无任何症状，地上部亦不表现症状。一般大型块茎易产生空心现象，空心洞周围形成了木栓化组织，呈星形放射或两三个空洞连接起来。

防治措施：田间株行距配置均匀一致，不过量施肥，及时充分培土等。

（12）褐心病　病薯表面几乎无任何症状，但切开薯块后，在薯内分布有大小不等、形状不规则的褐色斑点。褐色部分的细胞已经死亡，成为木栓化组织，淀粉粒也几乎全部消失，不易煮烂，失去了食用价值

防治措施：增施有机肥，提高土壤的保水能力，特别要注意块茎增长期及时满足水分的供应，防止土壤干旱。注意选用抗病品种。有轻微病症的薯块作种薯，一般无影响。

2. 主要虫害的防治

一般为害茄果类蔬菜的害虫均可为害马铃薯。为害马铃薯的主要害虫有蚜虫、蛴螬、地老虎、金针虫、二十八星瓢虫、马铃薯块茎蛾、蓟马、粉虱和螨虫。

（1）蚜虫　以成虫或若虫群集在幼苗、嫩叶、嫩茎和近地面叶上，以刺吸式口器吸食寄主的汁液，由于蚜虫的繁殖力大，为害密集，而使马铃薯叶严重失水和营养不良，造成叶面卷曲皱缩，叶色发黄，难以正常生长，蚜虫在外叶密集时，整个叶片由于失水发软，而瘫在地上。此外，蚜虫还是多种病毒的传播者，传毒所造成的为害远远大于蚜虫本身的为害。

防治措施：①选用抗虫品种。②加强田间管理。清洁田园，保护天敌，消灭越冬虫源，适当提早播种以减轻蚜虫的为害。③银灰膜驱避。蚜虫对银灰色有负趋性，马铃薯生长季节，在田间张挂银灰色塑料条、或插银灰色支架、或铺银灰色地膜等，以减少蚜虫为害。④黄油板粘蚜。蚜虫对黄色有强烈的趋性，可在田间插上一些高60~80厘米、宽20厘米的木板，上涂黄油，以诱杀蚜虫。⑤药剂防治。常用的药剂有50%辟蚜雾可湿性粉剂

或水分散粒剂 2 000 ~ 3 000倍液，该药对蚜虫有特效，且不伤天敌；或用50% 马拉硫磷乳油，或用25% 喹硫磷乳油各 1 000倍液，或用70% 灭蚜松可湿性粉剂 2 500倍液等。蚜虫对拟菊酯类农药易产生抗药性，应慎用，或是与其他农药混用。常用的有2.5% 敌杀死乳油，或用20% 氰戊菊酯乳油 3 000 ~ 4 000倍液，或用10% 氯氰菊酯乳油 2 000 ~ 6 000倍液。

（2）蛴螬 主要在地下为害，咬断幼苗根茎，切口整齐，造成幼苗枯死，或蛀食块根、块茎，造成孔洞，使作物生长衰弱，影响产量和品质。同时，咬伤造成的伤口有利于病菌侵入，诱发其他病害。成虫金龟子主要取食植物地上部的叶片，有的还为害花和果实。

防治措施：①秋季或冬季进行深耕翻地，以增加害虫的死亡率。②不要与大豆接茬种植，以减轻蛴螬为害。③苗期有虫害时，及时在残株附近检查以捕杀幼虫。④药剂防治。成虫盛发期，可用90% 敌百虫的 800 ~ 1 000倍液喷雾，或用90% 敌百虫每亩用药 100 ~ 150 克，加少量水后拌细土 15 ~ 20 克制成毒土撒在地面，再结合耙地，使毒土与土壤混合，以此杀死成虫；在蛴螬已发生为害且虫量较大时，可利用药液灌根。可用90% 敌百虫的 500 倍液，或用50% 辛硫磷乳油 800 倍液，或用25% 西维因可湿性粉剂 800 倍液，每株灌 150 ~ 250 克，能杀死根际幼虫。

（3）地老虎 以幼虫为害马铃薯幼苗，将幼苗从茎基部咬断，或咬食块茎。成虫金龟子主要取食植物地上部的叶片，有的还为害花和果实。

防治措施：①秋季或冬季进行深耕翻地并冬灌，可以杀死部分越冬幼虫或蛹。春季耙地以消灭地面上的卵粒。②利用糖醋液或黑光灯在田间诱杀成虫。③采摘新鲜的泡桐叶，用水浸泡后，于傍晚放置在被害田里（每亩 50 ~ 70 张），次日清晨人工捕捉叶下幼虫。④药剂防治。用90% 敌百虫50 克，均匀拌合切碎的鲜草 30~40 千克，再加少量的水，于傍晚撒在菜田附近诱杀幼虫。对于 3 龄前幼虫，可用 2.5% 敌百虫粉剂每亩 1.5~2 千克喷粉，或加 10 千克细土制成毒土，撒在植株周围；也可用 80% 敌百虫可湿性粉剂 1 000 倍液，或用 50% 辛硫磷乳油 800 液、或 20% 杀灭菊酯乳油 2 000 倍液进行地面喷雾。虫龄较大时，可用 50% 辛硫磷乳油，或用 50% 二嗪农乳油 1 000~1 500 倍液进行灌根，以杀死土中幼虫。

（4）金针虫 在地下啃食刚播下的种薯，咬断幼苗的根、茎。金针虫空细小，能蛀入到深处为害。为害严重时，不仅降低产品的质量，影响食用价值，还会造成缺苗断垄，致大幅度减产，甚至绝收。

防治措施：①秋季或冬季进行深耕翻地，以增加害虫的死亡率。②精耕细作。经常灌溉、湿度较大、翻耕暴晒等情况下，害虫发生较少。③药剂防治。用 50% 辛硫磷乳油拌种（药、水、种子的比例 1：50：600），可以消灭幼虫。先将药对水，再将药液喷在种薯上，并搅拌均匀，然后用塑料薄膜包好闷种 3~4 小时，中间翻动 1~2 次，待种薯把药液吸干后即可播种。金针虫已发生为害且虫害较大时，可利用药液灌根。一般用 90% 敌百虫的 500 倍液，或用 50% 辛硫磷乳油 800 倍液，或用 25% 西维因可湿性粉剂 800 倍液，每株灌 150~250 克，可杀死根际幼虫。

（5）二十八星瓢虫 成虫及幼虫均可为害，幼龄幼虫多啃食叶肉，残留表皮形成许多平行状的透明笋底状线状纹。老熟幼虫及成虫危害全部叶片，仅剩主叶脉，还能取食花瓣、萼片。严重时，可将植株吃得只剩残茎。

防治措施：①清洁田园。收获后及时清除残株落叶，并进行深翻，消灭越冬成虫。②捕杀成虫。在成虫发生期，利用其假死性，摇动植株使其落地进行捕杀。③采卵块。产卵期人工采卵杀之。④药剂防治。幼虫孵化初期，可用 20% 杀灭菊酯乳油 4 000~

171

5 000倍液，或用90％敌百虫1 000倍液，或用50％敌敌畏乳油1 000倍液，或用2.5％功夫乳油4 000倍液，或用40％菊马乳油2 000～3 000倍液，每6～7天1次，连喷2～3次。

（6）马铃薯块茎蛾 又叫马铃薯麦蛾、烟潜叶蛾，幼虫潜入叶内，蛀食叶肉，严重时嫩茎和叶芽枯死，幼株死亡，幼虫还可从芽眼或破皮处潜入块茎内，呈弯曲潜道，甚至吃空薯块，外表皱缩，并引起腐烂。

防治措施：①建立留种基地。在无虫害发生区建立留种田，防止虫害传播。②种薯处理。不从疫区调运种薯，否则应进行熏蒸灭虫处理，常用药剂有磷化铝、溴甲烷、二硫化碳等。③贮藏期防治。贮藏前应仔细清扫窖、库，关闭门窗，防止成虫飞入产卵。贮藏时，挑选无虫的薯块入窖。种薯入窖前可用90％敌百虫200～300倍液，或用25％溴氰菊酯2 000～3 000倍液喷洒，晾干后入窖，也可用药剂熏蒸。④田间管理。播种时严格选用无虫种薯，避免连作，及时摘除虫叶并烧毁。搞好中耕培土，防止薯块外露。⑤药剂防治。防治方法同二十八星瓢虫。

（7）蓟马 受害植株长势弱，叶片干枯和产量下降，受害严重时可引起植株的枯萎。蓟马也可传播纺锤状薯蓣病毒。

防治措施：①农业防治。消除杂草，加强肥水管理，促使植株生长旺盛，以减轻为害。②药剂防治。蓟马发生时期及时用药。常用药剂有5％锐劲特悬浮剂2 500倍液、20％康福多浓可溶剂4 000倍液、20％高卫士可湿性粉剂1 500倍液、50％辛硫磷乳油1 000倍液、50％巴丹可湿性粉剂1 000倍液、20％叶蝉散乳油500倍液等。

（8）粉虱 俗称"小白蛾子"，成、若虫刺吸植物汁液，受害叶褪绿萎蔫或枯死。

防治措施：①田边种植玉米或高粱以促进天敌的发育。②药剂防治。喷施80％敌敌畏乳油1 000倍液，或用40％氧化乐果乳油，或 2.5% 溴氰菊酯乳油 2 000 倍液。

（8）螨虫 为害严重时，使新叶皱缩僵硬，叶背紫红色，严重的心叶不抽出。

防治措施：①避免温暖、干旱。②药剂防治。可用 0.9% 阿维菌素乳油 4 000 ~ 6 000 倍稀释液，或用 40% 螨克（双甲脒）乳油 1 000 ~ 2 000 倍稀释液，或用 15% 扫螨净 1 500 ~ 2 000 倍液喷雾，5 ~ 10 天喷药 1 次，连喷 3 ~ 5 天。重点喷施于植株幼嫩的叶背和茎顶尖。

（五）马铃薯集约种植生产实例

1. 马铃薯—西瓜—芹菜

长江下游沿江、苏南等地应用该模式，每亩可产马铃薯 2 500 千克，西瓜 2 000 ~ 2 500 千克，芹菜 1 500 千克。

（1）茬口配置 马铃薯于 2 月上、中旬播种（直播），5 月中下旬采收；西瓜于 4 月下旬播种，5 月中下旬定植，7 月下旬至 8 月中旬采收；芹菜于 8 月中下旬播种（直播），春节前后采收。

（2）品种选用 ①马铃薯。选用"克新 1 号""克新 4 号""东农 303"等品种。②西瓜。宜选用抗病、耐热、中型西瓜，如"8424"等品种。③芹菜，选用"津南实芹""黄心芹""上农玉芹"等品种。

（3）培管要点 ①马铃薯。选择地势高燥、排水良好，土壤疏松、肥沃的田块，要求轮作，不能和茄果类蔬菜连作。田块要尽早翻耕、晒垡，每亩施农家肥 3 000 千克和蔬菜专用复合肥 30 千克，整地做畦，畦宽（连沟）1.8 米宽，要求深沟高畦。2 月上中旬直播，种薯要选择无病、表面光滑、芽眼明显的较大薯块，一般不小于 25 克，切块的以选择重 100 克左右的薯块为宜。切块应切成立体三角形，芽眼靠近刀口，每千克种薯 40 ~ 50 块，每个切块上至少要有 2 个芽眼。重点防治小地老虎、蚜虫、茶黄螨和晚疫病。②西瓜。4 月下旬播种。播种前用 55℃左右温水浸种消毒 15 分钟，捞起晾干即可播种，点播，每钵播 1 粒种子。将种子平放，覆厚约 1 厘米的干细土营养土，保持土表疏松。出苗后及时通风，防止徒长。幼苗生长期间，保持白天温度 25 ~ 30℃、夜间 16 ~ 20℃。大田每亩施腐熟有机肥 1 500 ~ 2 000 千克和过磷酸钙 50 千克，或腐熟饼肥 150 千克、复合肥 50 千克和过磷酸钙 30 千克，机械耕翻并捣碎，将泥块耙细，做成连沟 2 米宽的深沟高畦。5 月中下旬移栽。掌握在 2 ~ 3 片真叶移栽，苗龄 20 ~ 25 天为宜，按 45 厘米的株距挖好定植穴，每亩移栽 650 株左右。定植穴深 10 厘米、直径 10 厘米左右，营养钵施入穴内并用细泥填实，随浇搭根水。定植后覆银灰色地膜并破口使瓜苗伸出膜面。移栽后主要是促发根。一般采用双蔓整枝，选留第 2 雌花坐果，每枝留 1 瓜，每株留 2 瓜。坐瓜后，一般不再整枝，当适合部位的幼瓜长至鸡蛋大小时开始追施膨瓜肥和膨瓜水，每亩追施尿素 10 ~ 15 千克或三元复合肥，分两次施用，施肥时间间隔 7 ~ 10 天。重点防治蔓枯病、炭疽病、白粉病和蚜虫、红蜘蛛、瓜绢螟、烟粉虱等病虫害。③芹菜。采用高畦、遮阳网避雨育苗。育苗床施足基肥，每平方米施厩肥 10 千克，深翻、理细、整平后做畦，畦宽 1.2 米、高 15 ~ 20 厘米。播种前种子要浸种 12 ~ 24 小时，捞起用清水冲洗几次，边洗边搓，然后摊开晾种，待种子半干时置于洁净盛器中，并盖上纱布，放置于 5℃冰箱内催芽，每天在光亮处翻动种子 2 ~ 3 次，催芽期保持种子潮湿，种子表面见干时补充少量水分，5 ~ 7 天即可出芽。直播芹菜每亩用种量 250 ~ 300 克。芹菜喜湿，整个苗期以小水勤灌为原则，经常保持土壤湿润。出苗后浇 1 次水，以后看苗浇水，保持土壤干干湿湿，当芹菜长至 5 ~ 6 片叶时，根系比较发达，可适当控制水分，以防徒长。出苗后一般间苗 2 次，间苗结合除草，间去弱苗、过密处的苗，用刀挑草，结合间苗可追肥 2~3 次，每次每亩施尿素 6~8 千克。重点防治芹菜斑枯病、叶斑病和蚜虫等病虫害。

2. 马铃薯—玉米—莴苣

长江下游沿江、苏南等地应用该模式，玉米种植鲜食玉米采收青果穗，每亩可产马铃薯 1 500~2 000 千克，玉米（青果穗）800 千克，莴苣 3 500 千克。

（1）茬口配置 马铃薯于 1 月中下旬播种（直播），4 月下旬至 5 月中旬采收；玉米于 6 月上旬播种（直播），9 月上旬采收；莴苣于 8 月上中旬播种，9 月上旬定植，11 月中旬至 12 月中旬采收。

（2）品种选用 ①马铃薯。选用"克新 1 号""克新 4 号""东农 303"等品种。②玉米。选用优质鲜食玉米品种，如苏玉糯系列品种。③莴苣。可选用四川的特耐热二白皮、迎夏圆叶、或是上海的中熟尖圆叶品种。

（3）培管要点 ①马铃薯。整地、施肥、播种等参照"马铃薯—西瓜—芹菜"。1 月中下旬直播。②玉米。每亩施腐熟有机肥 3 000 千克和专用复合肥 50 千克，做成 2 米宽（连沟）的畦。要求隔离种植。采用宽窄行种植，宽行 70~90 厘米，窄行 50 厘米，株距 25 厘米，每亩种植密度 4 000~4 500 株。除施足基肥，在 5~7 叶时每亩追施尿素 10 千克，拔节后每亩追施复合肥 15~20 千克，大喇叭口期（抽丝）每亩复合肥 20 千克。施肥后结合中耕除草进行培土防倒伏，同时结合追肥要及时浇水，重点防控地老虎和玉米螟。③莴苣。采用育苗移栽。8 月上、中旬播种，播种前，种子要进行低温处理，将种子在水中浸种 4~5 小时后捞起，用纱布袋包好后放在电冰箱的冷藏室内，温度宜控制在 5℃，24 小时后取出用清水洗后再施入，放置 48 小时后有 70% 以上种子露白后立即播种。每亩苗床播种量 1.5 千克，可定植 10 亩。精细整理苗床，播种前先将苗床用水浇透，将发芽的种子拌上细土均匀撒施在苗床畦面，盖上一层细土，播种后稍镇压，然后洒水覆盖遮阳网，齐苗后按苗距 3 ~ 4 厘米间苗，育苗期间应控制浇水，促使幼苗叶色浓绿、粗壮。前茬玉米离田后，及时翻耕（耕深 15 ~ 20 厘米），每亩施腐熟有机肥 2 000 千克作基肥，然后做成宽约 1.7 米（连沟）的畦。9 月上旬有 4 ~ 5 片真叶时移苗定植。要求带土移栽，株行距以 30 ~ 35 厘米见方为宜，每亩栽种 3 500 株左右。栽后浇水并覆盖遮阳网（活棵后揭去）。活棵后要加强肥水管理，土壤要经常保持湿润。活棵后第 1 次追肥，隔 7 天左右第 2 次追肥以促发棵，10 ~ 15 天后第 3 次追肥，以促进肉质茎膨大。每次每亩施尿素 8 ~ 10 千克。第 1 次追肥后要进行松土。重点防控霜霉病、菌核病、软腐病和蚜虫、斑潜蝇、蓟马等病虫害。一般心叶与外叶平（称平顶）时是采收适期。

3. 马铃薯/（玉米 + 毛豆）—青花菜

长江下游沿江等地应用该模式，玉米种植鲜食玉米采收青果穗，一般每亩收获马铃薯 1 000 千克、玉米青果穗 750 千克、毛豆 600 千克、青花菜 750 千克。

（1）茬口配置　120 厘米为一种植组合。马铃薯于 1 月上旬双膜保温催芽，2 月上旬地膜起垄定植，小行行距 33 厘米，大行行距 87 厘米，株距 25 ~ 27 厘米，4 月下旬至 5 月上旬采收；玉米于 3 月玉米于月中旬塑盘育苗，4 月上旬双行套栽在空幅中间，小行距 40 厘米、株距 25 厘米，6 月底至 7 月上旬采收青果穗上市；毛豆于 5 月下旬在马铃薯采收后的空幅内穴播，播种 2 行，穴距 27 ~ 30 厘米，每穴播种 3 ~ 4 粒，每亩播种 4 000 穴，8 月中旬采收青豆荚；青花菜于 7 月下旬遮阳网育苗，8 月下旬移栽，11 月开始采收上市。

（2）品种选用　①马铃薯。选用"克新 1 号""克新 4 号"

等品种。②玉米，选用苏玉糯系列品种。③毛豆。选用"台湾292""台湾75"等品种。④青花菜。选用耐热、抗逆性强品种，如"圣绿""珠绿"等。

（3）培管要点　①马铃薯。播前1个月选表皮光滑、薯块端正、芽眼匀称的无病种薯切块催芽，切块一般重30～40克，每块芽眼2个左右，要求床温保持16℃左右，当薯块芽长1厘米左右时，揭膜炼芽2～3天即可定移植，定植前结合耕翻整地每亩基施腐熟土杂灰肥1 500～2 000千克、硫酸钾复合肥50千克作基肥，播后覆盖地膜，齐苗后破膜放苗，苗高10～15厘米时看苗每亩浇施腐熟粪1 500千克，盛蕾期每亩用15%多效唑15克对水50千克喷雾，中后期叶面喷施0.2%磷酸二氢钾1～2次，及时防治地下害虫。②玉米。移栽时每亩施用复合肥7.5～10千克并浇施稀水粪，苗期每亩追施尿素7.5～10千克，拔节孕穗期每亩用碳铵和复合肥各10～15千克穴施，大喇叭口期防治玉米螟。③毛豆。3张复叶展平后，每亩施高效复合肥15～20千克、人畜粪1 000千克，开花结荚期追肥1～2次，每次每亩施复合肥10～15千克，及时防治蚜虫。④青花菜。定植前每亩施腐熟有机肥1 500～2 000千克、复合肥20千克，适当增施硼肥和钙肥，生长前期追肥2～3次，每亩施稀薄粪肥500～750千克或尿素8～10千克，当植株12～13片叶时每亩追施复合肥20～25千克，苗期中耕培土1～2次，顶球专用品种及时抹去侧芽，注意防治软腐病、霜霉病和小菜蛾、菜青虫等病虫害。

4. 马铃薯/玉米/甘薯/（玉米—萝卜）

长江下游沿江等地应用该模式，春、夏玉米种植鲜食玉米采收青果穗，一般每亩收获马铃薯1 400千克、玉米青果穗700千克、甘薯2 000千克、萝卜等蔬菜2 000千克。

（1）茬口配置　采用（350＋150）厘米种植组合。马铃薯于2月上旬播种，种植在350厘米空幅内，高垄双行，垄距

85～90 厘米，垅高 20～25 厘米，株距 25～30 厘米，地膜覆盖，5 月 25 日左右收获清茬；春玉米于 2 月底营养钵育苗小拱棚覆盖，3 月底移栽大田 150 厘米空幅内，每幅移栽 2 组 4 行，中间大行 60 厘米，两边小行各 25 厘米，株距 25 厘米，6 月上旬采收清茬；甘薯于马铃薯采收后 350 厘米宽幅内种植，筑垄栽插，垅距同马铃薯，垅高 30～35 厘米，株距 25 厘米，10 月底收获；夏玉米于春玉米收获后行幅内种植，种植规格同春玉米，8 月中旬采收；萝卜在夏玉米收获后的行幅内种植，甘薯收获后在其行幅再移栽青菜等。

（2）品种选用 ①马铃薯。选用"克新 4 号"等品种。②玉米。选用苏玉糯系列品种。③甘薯。选用"北京 553""徐薯18"等品种。④萝卜。选用生育期较短的"红心萝卜"等品种。

（3）培管要点 ①马铃薯。1 月选好种薯、切块消毒，用大棚或小拱棚催芽，待芽长 1～2 厘米时移植大田，大田每亩施腐熟杂灰或粪肥 2 000 千克、高浓度复合肥 40 千克作基肥，施后深翻 25 厘米，整地作垅播种，播后化除覆盖地膜，齐苗后破膜放苗，苗期及时除草，每亩点浇腐熟薄水粪 1 200 千克加尿素 5 千克，现蕾期视苗情每亩施薄水粪 1 000 千克，开花前摘除花蕾，旺长田喷施维它灵 4 号化控，及时抗旱排涝、防病治虫。②玉米。春玉米钵育苗龄 30～35 天，叶龄 4 叶移栽大田，大田每亩施腐熟杂灰或粪肥 1 500 千克、高浓度复合肥 30 千克作基肥集中施于小行，深翻 20 厘米，精细整地，定距打塘移栽，栽后足水沉实。夏玉米基肥同春玉米，关键抓好直播质量，适当增加播量、多次间苗。春、夏玉米一般分两次追肥，拔节前每亩施人畜粪 1 000 千克加碳铵 15 千克，8～10 叶展开时（夏玉米宜早施），每亩施碳铵 50 千克或尿素 25 千克，搞好培土壅根和防病治虫。③甘薯。春马铃薯收获时破垅整平，每亩施杂灰 1 500 千克、磷肥 20 千克、草木灰 100 千克作基肥，整地作垅栽插甘薯，栽后

10~15 天每亩施腐熟薄水粪 1 000 千克作提苗肥，8 月中下旬视苗情亩施腐熟人畜粪 1 000 千克左右作裂缝肥，并增施草木灰 50~100 千克，栽后 20 天左右摘去薯苗顶心促分枝萌发，雨后适当提藤（切忌翻藤），中后期注意控制旺长，藤蔓过多的要适当疏藤，去弱留强、去老留嫩，及时排涝、抗旱和防治害虫。④萝卜。萝卜及青菜等秋冬蔬菜管理同常规。

（六）马铃薯的收获与贮藏

1. 收获期确定

马铃薯收获的块茎是营养器官，其收获期有很大的弹性，只要块茎生长到一定程度即可以收获。生产上，主要根据生长情况、块茎用途以及市场需求等方面，来确定收获期。商品薯虽然成熟期的产量最高，但产值不一定高，通常收获越早其价格越高，因而收获时节应根据市场价格和产量状况，在取得最高效益时收获。加工对马铃薯品种成熟度的要求较高，就同一品种比较，马铃薯成熟时，其产量最高，干物质含量最高，还原糖含量最低，符合加工的要求，因而加工用马铃薯须在块茎正常生理成熟才能收获。马铃薯块茎正常生理成熟的标志：植株叶色由绿转为黄绿色，根系衰败；植株很容易从土中拔出；块茎容易与相连的匍匐茎脱离，表皮不易脱落。

2. 收获方法

收获时，块茎应避免暴晒、雨淋、霜冻和长时间暴露在阳光下而变绿。收获时注意事项：①择晴天收获，收获过程中尽量减少块茎破损率；②收获要彻底，避免块茎遗留土中；③先收获种薯、后收商品薯，不同品种种薯和商品薯都要分别收获，单存单放，分别运输，严防混杂；④收获和运输过程中注意避光，随刨随运输，避免长期暴露在光下而致薯皮变绿、品质变劣；⑤收获前进行压秧、灭秧，促使薯皮木栓化。收获前的压秧或灭秧时间应根据栽培目的确定。种薯生产，可在马铃薯植株尚未枯黄时灭秧，以控制块茎不过大；商品薯生产，特别是加工炸薯片、加工淀粉生产的原料薯，则需要植株完全成熟时灭秧。

3. 贮藏

（1）种薯的贮藏　种薯需要长时间地贮藏，贮藏温度应控制在 3～4℃。温度超过 5℃块茎易发芽，当温度超过 18℃时，使用目前的抑芽剂作用较小。光照能显著减慢生长，散射光贮藏是一种有效的种薯贮藏方法。

（2）商品薯的贮藏　鲜食马铃薯应进行黑暗贮藏，因为光线照射会使马铃薯块茎表皮变绿，龙葵素含量升高，龙葵素具有毒性，人畜食用后可引起中毒，使块茎失去食用价值。因此，食用马铃薯的贮藏，除控制温度和湿度外，应特别注意在黑暗条件下贮藏。食用薯贮藏期保持窖温 2～4℃、相对湿度 85%～90% 比较合适。城市居民或农户，贮藏少量食用薯，将薯块装入篓内或纸箱内，放在室内阴凉处即可。

（3）加工原料薯的贮藏　加工用的块茎，要求淀粉含量高、还原糖分含量低，还原糖超过 0.4% 的块茎，炸片（条）时都会出现褐色，影响品质。块茎在不同的贮藏温度下，糖和淀粉可以互相转化。温度低于 10℃ 时淀粉转化成糖，在 15～20℃ 时还原糖可逆转化为淀粉，所以不论是炸条、炸片还是加工淀粉或全粉用的马铃薯都不宜在太低的温度下贮藏。然而需要加工用的块茎往往贮藏的时间很长，为了防止发芽，必要时还得在 4℃ 左右的条件下贮藏，在加工前 2～3 星期要把块茎转移到 15～20℃ 下进行处理，促使还原糖转为淀粉，从而减轻对加工品质的影响。

（4）贮藏方法　长江中下游地区，马铃薯夏季贮藏主要有室内贮藏和半地下室贮藏。要求贮藏处凉爽、干燥、通风。凡贮藏过农药、化肥、汽油、柴油、煤油等地方不能再贮藏马铃薯，也不能与洋葱、蒜类同处贮藏，以免引起大量烂薯。贮藏室应打扫干净，在地上铺干沙（或干土）3 厘米厚，将经过挑选的薯块摊放在上面，摊厚 25～30 厘米。贮藏前期因薯块呼吸作用旺盛，易引起高温、高湿造成烂薯。应注意通风、降低温度，保持干燥，随时捡出烂薯。要求温度保持在 25℃左右，相对湿度 80%以下。秋季收获的马铃薯，一般贮藏期在 10 月至翌年的 4 月，多采用室内贮藏。薯堆内温度应保持在 1～4℃最适宜，0℃以下薯块受冻害，超过 5℃以上块茎休眠期度过后易发芽，降低商品质量和种性。贮藏初期，应注意贮藏室的通风。因为刚收获的块茎呼吸作用还比较旺盛，过厚容易起热，造成烂薯。将经过挑选后的块茎摊放在室内铺有 3 厘米厚的干沙（或干土）上，厚 30 厘米左右，不可过厚。贮藏一段时间后，呼吸作用减弱，气温下降，12 月下旬可将薯块堆成高 80 厘米左右、宽 150 厘米左右的薯堆，薯堆上面及四周用沙或土覆盖 8～10 厘米厚。随着气温的下降，进入寒冬，可加厚覆盖沙（土）或加盖草苫。在贮藏期，应根据天气变化、温度的增高或降低，增减薯堆上覆盖物的厚度。

主要参考文献

［1］ 刘建. 江苏裸大麦. 北京：科学技术文献出版社，2014.

［2］ 刘建. 旱田多熟集约种植高效模式. 北京：中国农业科学技术出版社，2013.

［3］ 郭静，滕康开. 薯类作物高产高效栽培技术. 北京：化学工业出版社，2012.

［4］ 常庆涛，谢吉龙. 优质小杂粮. 南京：江苏科学技术出版社，2008.

［5］ 刘建. 区域优势作物高产高效种植技术. 北京：中国农业科学技术出版社，2008.

［6］ 郁樊敏. 高效蔬菜茬口及配套栽培技术. 上海：上海科学技术出版社，2007.

［7］ 赵冰. 山药、马铃薯栽培技术问答. 北京：中国农业大学出版社，2007.

［8］ 袁祖华，李勇奇. 无公害豆类蔬菜标准化生产. 北京：中国农业出版社，2006.

［9］ 杨锦忠，宋喜娥. 小杂粮科学种植技术. 北京：中国社会出版社，2006.

［10］ 杨文钰，屠乃美. 作物栽培学各论（南方本）. 北京：中国农业出版社，2003.

［11］ 林汝法，柴岩，廖琴等. 中国小杂粮. 北京：中国农业科学技术出版社，2002.